ともに豊かになる有機農業の村

——中国江南・戴《たい》庄《しょう》村《そん》の実践

農文協＝編
楠本雅弘・中島紀一＝著

農文協

有機の里・戴庄村

有機栽培の水田に飛来するたくさんの鳥

レンゲを栽培しガチョウを放して田んぼの土づくり

稲の有機栽培は、疎植、米ヌカ除草、レンゲなどの緑肥で支えられている。
写真は手植えの疎植──6月末、田植え後4週間目のコシヒカリ

出穂後の稲の生育を調査する趙亜夫さん

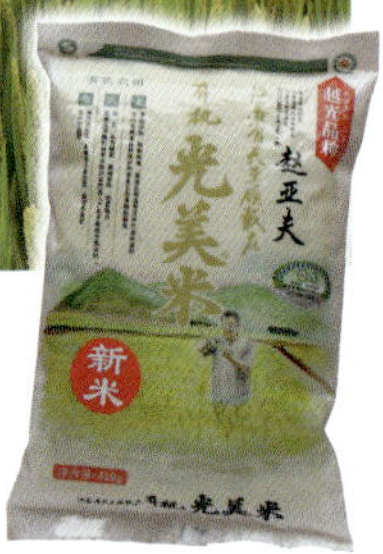

戴庄村産の米＝「有機光美米」

育成中の柿園では鶏は大事な収入源

育成中の柿畑
――香酢カスの発
酵堆肥を根回りに

稲モミを主要な原料とする
香酢カスの発酵堆肥
――鎮江は有名な香酢の
産地で、稲、果樹、野
菜など広く使われている

ヘアリーベッチの畑で山羊の放牧
——山羊も大事な収入源

山羊と豚の立体飼育による堆肥製造

土着菌発酵床でくつろぐ豚

はじめに

私たちが戴庄《たいしょう》村を訪ねたのは、2015年4月末と6月末～7月初めの2回であった。

経由地の上海は早朝から深夜まで多数の人々が慌ただしく動き回り、渋滞する自動車の警笛が鳴り響く「喧噪」という表現が似合う躍動中国を象徴する街だ。これとは対照的に、戴庄村は緑豊かな中山間の落ち着いた村落で、そのたたずまいには懐かしさをおぼえた。

特に2度目の訪問は梅雨の真っ最中で、激しい雷雨に遭遇し、雨後の蒸し暑い山里を歩きながら「日本と同じモンスーン地帯の稲作農村だなぁ」との親近感を強く感じた。景観は似ているが、村の組織や運営の仕方は日本と大きく異なっている。

本文中で詳しく述べるが、かつての戴庄村は、地域で最貧の村と評されていたのだが、21世紀に入ってから趙亜夫という秀れた農村指導者が、有機農業と全戸参加型の協同組合（中国では合作社）による村づくりを提案し、目を見張るような成果をあげている。

独自の「社会主義市場経済」を掲げる中国は経済大国・軍事強国への道を疾走中だが、都市住民と農民、沿海部と内陸部の大きな格差問題、環境破壊や公害など深刻な矛盾を内包している。とりわけ農業・農村・農民が直面する「三農問題」は、解決すべき最優先の課題に位置付けられている。

特別な成功者だけが金持ちになるのではなく、皆が豊かで幸せになることを目指す「戴庄村モデル」は、そのひとつの解決策ではないかと全中国で注目されている。

私たちは「有機の里・戴庄村」の15年の歩みを、趙亜夫さんと10人の農民と、村および合作社の幹部やオペレータに対して長時間のインタビューと実地調査によって跡づけた。農法・技術論と地域形成論の両面から、その現在の到達点をまず高く評価する。

しかし同時に、現状はきわめて不安定で、解決すべき問題・課題が数多く残っていることも率直に指摘した。住民が自主的・主体的に運営に参画する協同（共助）の組織を育てることが鍵になると考える。

日本とは大きく異なる社会制度を調べ直し裏付けとなるデータの入手と整理に長時間を要した。その3年間にも中国の激動はさらに加速し、「地域開発」の大波は戴庄村をも巻き込もうとしている。調査後の村の内外の大きな変化についても、第4章の5節で概観しておいた。

中国を理解するには、複眼的な広い視野と30〜50年くらいの長い時間軸が必要だと改めて痛感させられた。

「あとがき」で触れているように、農文協が窓口となって継続してきた日中民間交流によって築かれた相互信頼に支えられて今回の現地調査は実施できた。

趙亜夫さんという最高の案内役、お世話くださった鎮江市人民政府の関係者、そして何よりも多忙な時間を割いて私たちの根掘り葉掘りの質問に寛容かつ率直に答えていただいた戴庄村の皆さんに対して、心からの感謝の気持を伝えさせていただきたい。

本書が、中国の農村・農民をより深く理解する一助となることを願っている。

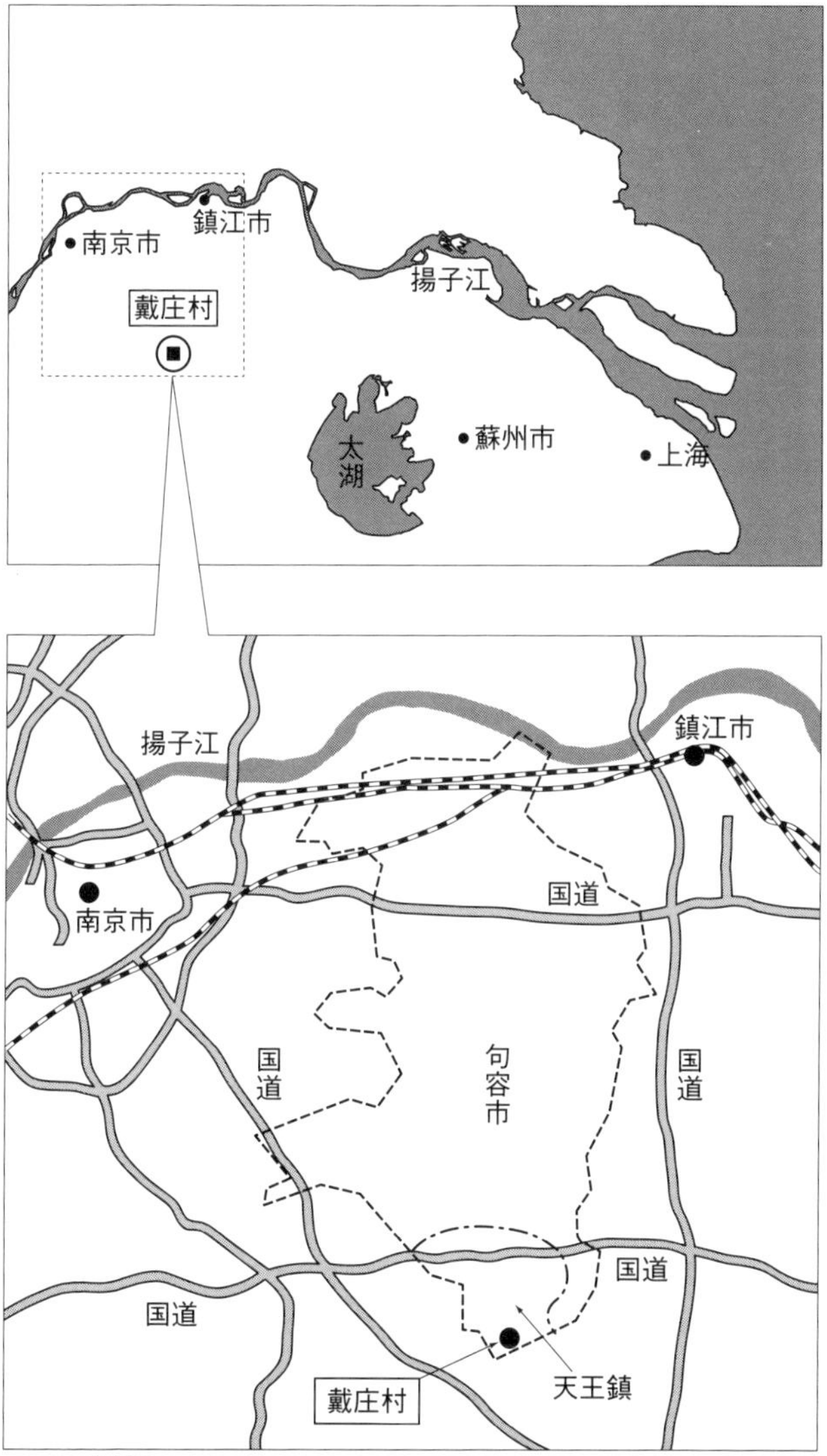

江蘇省句容市《くようし》戴庄村 map

目　次

序　章　中国江南・有機農業の里　戴庄村
——貧しさから豊かさへの15年

中島紀一

1　はじめに

戴庄村《たいしょうそん》は揚子江下流南岸の小村である。地元の人たち以外にはその存在もほとんど知られていないような村だった。その小村で15年前から有機農業の取り組みが開始され、現在では上海のデパートの食品売り場ではこの村のために特別の棚が設けられるほどの注目の「有機農業の里」となっている。ここでの豊かな農村づくりの活動は、中国の国会にあたる全人代（全国人民代表大会）でも紹介され、習近平国家主席も現地視察をしてその教訓を高く評価している。

1980年代からの改革開放政策は、30年あまりの歩みの中で、中国を巨大な経済国家に押し上げた。その旺盛な経済力は、最近日本に押し寄せる観光客の「爆買い」として私たちを驚嘆させている。たしかにすごい勢いだが、そこからは品の良さはあまり感じとれない。

だが、戴庄村を訪ねてみると、そんなばく進する中国の経済力とはかなり違った、穏やかに落ち着いた豊かさ、地域農業の展開が地域自然の保全と両立しているようなあり方、一部の富裕農家の活躍というのではなく、小さな農家たちがそれぞれ落ち着いた豊かさを享受するという地域の空気が感じられるのである。そして都市に出稼ぎに出ていた若者たちが故郷の村に戻りつつあるようなのだ。

改革開放政策を主導した経済政策理念の一つに「先富論」があった。もちろん国民みんなが豊かになることが国の大きな目標だが、まずは能力があり、条件のある人から現実に豊かさを実現し、それらを先例として、それらに先導されて、国としての、地域としての経済成長を創り出していこうという考え方である。

私は中国の辺境地域に強く惹かれて、文革（毛沢東が主導した文化大革命）が終わってから、新疆《しんきょう》ウイグル自治区、内モンゴル自治区、雲南省、延辺《えんぺん》朝鮮族自治州などをかなり度々訪ねてきた。それぞれの地域の多彩な自然とそれと結び合った主として少数民族の方々の伝統的な暮らしぶりが旅の魅力だった。馬に乗って見知らぬ遊牧民のテントを訪問するのが何よりの楽しみだった。しかし、そんな中国辺境の旅も10年ほど前にやめにしてしまった。辺境の街でさえ、経済成長の波が地域の深部にも広がっていると感じられてきたからである。改革開放政策、先富論的あり方が中国の隅々まで浸透していったことが旅行者の私にもいやというほど実感されてきたのである。

経済は、辺境の農村部でもたしかに向上してきている。しかし、地域は荒れていて、環境問題は深刻化し、暮らしの格差はさまざまに広がり深まっていると感じられてきた。これはたいへん拙い事態だと私には感じられた。

格差の広がりは特に農業・農村において深刻化している。これには中国政府もかなり困っているようで、「三農問題」（農業・農村・農民問題）と表現され、それは中国内政の最大の問題群の一つと認識されている。いろいろな模索はされているようだが、決め手になるようなあり方は見つけ出せていないようだ。

そんな中で、本書で詳しく紹介する戴庄村の取り組みは際立って示唆的なのだ。そこでは「先富論」だけでなく「皆富論」（みんなが共に豊かになる）とでも言うべき方向が、端緒的ではあるが実現されてきている。また、「先富論」の基礎原理にある個別主義、個人主義だけでなく、地域重視、自然環境への内発的重視が意識的に追求されてきているのである。そこでは「小康」（ほどほどの豊かさ）が地域の目標として意識されてきている。そんな「有機農業の里　戴庄村」には15年の歩みがあった。

いま、それを「端緒的」と書いたが、調査してみると先進モデルとされてきている戴庄村も、15年の取り組みの中で、さまざまな困難にもぶつかり、またたくさんの問題を抱えていることも分かってきた。具体的にはおいおい書いていくつもりだが、それらの中には中国の国家制度や中国社会の基本構成にも関わる難しさも少なくないようなのだ。

日本で暮らす私たちは、「農業は地域とともに」というあり方はアジア・モンスーン地域（水田農業地域）ならば風土的必然と感じてしまう。水田農業を支える地域の水利組織は自治的に運営されているとばかり考えがちである。しかし、水田農業の故郷である長江下流のこの地域の農家を主に支えているのは、地縁、地域の相互扶助原理ではなく、むしろ血縁、血族の支え合いの原理であって、地域はあるのだが実にあやふやで弱い存在のようなのだ。水田水利さえ地域自治的ではないらしい。政治制度としても地方自治は明確ではなく、各級の地方組織は財政力が乏しく、人材も定着していない。自然保護のスローガンだけは華々しいが、自然環境保全の住民意識、地域自然を慈しむ気持ちも弱いように感じられた。さすがに食の安全への関心は高いようだが、しかし、何といっても安さ、値段の論理が優先してしまう。

そういう国情もあるから、同じ東アジアの水田農村といっても、現代中国での「皆富論」的な地域農業形成の課題は、日本で考える以上に難しさがあるようなのだ。

この本では戴庄村を際立って優れた事例として紹介するが、同時にそれはたいへん不確かな、危うさの中にあることもできるだけ率直に指摘してみたい。それらの問題点は指摘されたから直ちに改善できるようなことばかりではない。中国農村が、あるいは中国社会が歴史と現在の中で構造的に抱え込んできた問題も少なくないと強く感じた。だから今回の調査や中国側とのこういうやりとりが、お互いの国と地域の特質を知り合っていく一つのプロセスになればと望んでいる。

2　有機農業の里　戴庄村のアウトライン

戴庄村は、江蘇省句容市《くようし》、長江下流南岸の小村（戸数860戸、人口2800名）で、上海から西に約250km、南京、鎮江の南約80kmの位置にある。長江下流といっても平坦水田地域ではなく丘陵地形が続く中山間の純農村である。近代史だけを見ても、度重なる戦乱などで人がほとんど住まなくなってしまったところに、河南省方面からの流民たちが住み着くという過程が繰り返され、いまの村が作られてきたという。江蘇省の中では最貧の村だったそうだ。

2001年に、そうした戴庄村の振興を図りたいと趙亜夫《ちょうあふ》さん（当時60歳、1941年生まれ）がやってきた。趙さんは鎮江農業科学研究所所長を務めた当代最高の農業技術指導者で、定年退職後はボランティアとして各地を訪ねて農業指導にあたりたいと考えていた。

趙さんは現役時代には、先進技術を農家に教え、その上手な導入に長けていて、彼の指導で大展開を遂げた農家もたくさんいた。独特な視点による日本からの技術導入もそこでの成功の重要な鍵となっていた。しかし、大成功する個別農家を育てることはできたが、普通の多くの農家の状態を大きく変えることはなかなかできなかった。

現役時代のそうした経験を踏まえて、定年退職した趙さんには、地域の農家が協力し合ってみんなが豊かになれる「皆富論」的な農業、農村開発の道を探りたいという強い思いがあり、その対象として大きな困難を抱えた戴庄村があえて選ばれたのである。そこは貧しい村で、大都市からも離れた丘陵地帯の条件不利地域で、困難に満ちた村だった。

たしかに条件不利の村が変わるには困難は多いだろうが、趙さんの慧眼によれば、そこは自然豊かな汚染のない村であり、その条件は有機農業にはかえって適しており、それを活かした有機農業を柱とすれば、新しい理想の村づくりは必ず可能だとみられたのである。

まずは農家を訪ね歩き、有機農業の可能性を説き、協力農家を募って桃と水稲の有機農業の取り組みが開始された。


以後、趙さんの実に配慮のある指導の下で、取り組みはおおむね順調に展開し、2013年段階の報告では、有機農業面積は267ha（4000ムー）、うち有機稲作が200ha（3000ムー）、有機果樹が33ha（500ムー）に広がっていたとされている。品目は野菜や畜産物にも及び、多品目の総合産地として展開してきている。現在はさらにモデル地区が大きく拡張され、茶園などの計画的な拡大が進められている。

とりあえずは少しでも有機農業に取り組みたいという農家は全て大歓迎だとして担い手を広げてき

たが、それもある程度達成され、そろそろ次の担い手構成を展望しなければならない段階にきている。そこで、村外からの若い人材の導入、大規模展開の力のある担い手の育成なども図られようとしている。

また、農業生産部門だけでなく、豊かな自然環境を活かした農村観光の開発も進められようとしている。そのため花卉、花木の植栽、地域の造園的設計、生物生態調査なども検討されている。

組織的には2004年に有機農業推進計画（2004～2011年）、2011年に第2期推進計画（2011～2015年）が策定された。また、2006年には14％の村民の参加で戴庄村有機農業専業合作社《がっさくしゃ》が設立され、現在では村民の多数が参加する地域協同経済組織に成長している。

専業合作社、村の行政組織、共産党の三者が密接に連携する組織体制づくりが丁寧に追求され（三位一体化）、住民主体を前提に、地域協同の体制づくりが目指されている。

農産物販売は、安全で高品質の有機農産物という特質を前面に打ち出した高級宴会や特別の贈答需要などを基本に進められてきた。ところが、習近平主席が強力に進めている汚職腐敗の一掃、綱紀粛正の政策推進の中で、宴会の自粛、幹部への贈り物などの自粛で、高級農産物市場は失速的状況に陥り、そこに依存していた戴庄村の農産物販売はいま深刻な壁に突き当たっている。しかし、他方では度重なる食品事件の中で一般消費者の食べものへの不安感は一層強くなっており、安全性が保証された有機農産物への潜在的期待感は強まっていると考えられる。こうした状況を踏まえて、販売路線を修正して、一般消費者にターゲットを定めたマーケティングの再構築の取り組みがいま進められている。上海のデパートなどでの高級食材としての販売などの独自ルートも開発されている。

3　戴庄村の有機農業

ここで戴庄村プロジェクトの中心に位置づけられている「戴庄村の有機農業」の独特なあり方について、あらかじめ少し紹介しておこう。

ここでの有機農業は、中国の国家規格（コーデックス基準準拠）に基づくもので、その技術基準は明確である。生産物は基本的には自給仕向けではなく、ほぼ全て出荷仕向けで、認証を受けてシールを貼って販売されている。おそらく中国では最大規模の有機農業産地であろう。村内に有機農業のモデル地区が設定されており、有機農業圃場は地区内に配置され、有機農業としての圃場管理、栽培管理だけでなく、地区内の環境を良好に保つなど、かなり広域のエリア環境管理がされている。「有機認証」とエリアを定めた「面的展開」に特徴がある。

技術の内容は、次章で農家の取り組みに則して詳しく紹介するが、有機適合の代替資材で技術を組み立てるという考え方ではなく、できるだけ外部からの資材に頼らず土と作物の力を引き出すことで、穏やかな安定した生産を実現させている。水稲技術の基本は疎植、果樹は草生である。使用されている補助資材としては米ヌカ、香酢発酵籾殻カス（鎮江市は有数の香酢産地）などで、その使用量はそれほど多くはない。圃場を視察した限りのことだが、とても好感の持てる落ち着いた有機農業の展開となっている。

ここであらかじめ述べておいたほうが良いと思えることに、戴庄村プロジェクトにおける有機農業の戦略的位置づけがある。

日本での有機農業の取り組みといえばほぼ必ず社会運動の要素を持ち、そこにはある程度の内発性が認められるのだが、中国では事情は相当違っている。社会運動や内発性の要素は多くの場合希薄である。戴庄村の場合も同じで、ここでの有機農業は趙さんが農村振興のツールとして、いわば外から持ち込んだものである。趙さんが戴庄村でのキーコンセプトとして有機農業を選んだ理由はおおよそ以下のようだと理解できる。

①食についての事件の続発で、食への不安が増大しており、高価格販売の見込みがある。趙さんが戴庄村に入った2001年頃は、高級幹部への贈答品として有機農産物は高い人気があり、宴会需要もかなりのものだったと思われる。
②国家認証を受けられるような有機農業の生産はまだごく少数で、戴庄村で産地化できれば優位な位置を確保できる。
③小さな農家でも、小面積でも意思と手間があれば参加でき、確実に有利な収入を見込める。経費もあまりかからない。
④戴庄村は環境が清純で、有機農業推進の基礎的環境条件を満たしている。中国の現状では「清純

な環境での生産」はきわめて重要な要件となっている。

⑤技術的に見通しがある。趙さんには技術的な自信があった。自然資源を活かした昔からの伝統技術を復活できる。

⑥地域の将来ビジョンとしても農業と自然保全を一体として推進していく有機農業には夢がある。

こうした戦略的位置づけを踏まえた趙さんの呼びかけを受け入れた農家側の当初の気持ちは以下のようだったと思われる。

・趙さんの指導があれば難しくなく実施できそうだ。

・かなり有利な収入が確実に見込めて、経費負担などのリスクも少ない。

・とりあえずは小面積からスタートできる。

そして、実際に少数の生産者が実験的に取り組んだところ、収量は多くなかったが驚くほどの価格で販売できた。

リスクがなく高価格で販売できるという経済的有利性の実証が決め手となり、その取り組みは急速に、しかし、着実な段階を踏んで地域に広がっていった。技術も販売ルートも趙さんが提起し、指導するものなので、趙さんが提唱するプログラムへの参加が必須となり、抜け駆け的な行動はとれなかった。

戴庄村の有機農業はこのような経済性の論理に主導されてスタートし、展開してきた。取り組みの中で有機農業の理念や環境保全の意義などについての学習や話し合いは進められたが、現実には運動性や内発性は育っていないようだ。そこではたとえば暮らしの自給などは課題にもならなかったようだ。参加者の広がりは次第に当初のようなまとまりも保持しにくくもしているようだった。独特な高級品市場の行き詰まりは有機農業の経済的優位性に陰りを作っているようで、さまざまな対策を講じたとしてもこれからは深刻さを増していくと思われる。

戴庄村の有機農業は、建設期を過ぎて、定着展開に向けて正念場に差し掛かりつつあるようなのだ。

4　戴庄村方式の確立

既に述べたように趙さんはこれまでの豊富な経験を踏まえて、戴庄村の新しい農村開発の方向を提示した。村民たちはそれを受け入れて、趙さんの指導の下に新しい取り組みが開始された。

趙さんが提案した新しい農村開発方式の特徴は次のようなものだった。

①将来的に可能性のある高収益農業方式として有機農業を取り上げた。

②取り組みの担い手として「意欲ある優秀な個別経営」だけではなく、普通の小さな農家を積極的に位置づけ、無理なく参加できる小さな取り組みの積み上げからスタートさせた。

③村内のさまざまなタイプの農家が、それぞれの条件に応じて自主的に参加していく、多数参加を目指した村づくり方式を一歩ずつ進めた。

④そのための組織として新しく制度化された農民専業合作社を位置づけ、農民と行政と党組織の連携（三位一体）による、地域を担う社会経済組織として、広がりと力のある協＝共のセクターとしてそれを育てていった。

⑤農産物販売は、市場経済だけに依存せず、有機農産物の価値を理解してもらえる個人への提携的な組織販売を先行させ、満足できる価格水準を確保しつつ、生産力の展開に対応して段階的に不特定多数への一般販売（有機農産物認証を踏まえた）へと拡大していった。

⑥個々の農家の有機農産物の生産販売だけでなく、地域循環的な農場システムの開発、果樹、花卉などの政策拡大、生態観光を意図した地域開発の推進など、生態的な地域環境づくりを踏まえた総合的な農村開発を志向している。

これは趙さんの提唱による新しい農村開発の「戴庄村方式」と言うべきものである。

このように整理できる趙亜夫さん提唱の「戴庄村方式」は、より大まかには「環境・安全性重視」「小農参加の重視」「地域協同の重視」の3点にその特質を読み取ることができる。

5　戴庄村方式の展開経過——貧しさから豊かさへの15年

これから具体的に述べていく私たちの戴庄村研究は、できあがった成功事例である戴庄村の現状と構造を明らかにしようとするのではなく、内発的な農村変革の意図的なプログラムとして、動きのある事例として、したがってそこには始まりがあり、そしてこれからもさまざまに展開していく、生きた事例として戴庄村にアプローチしたいと考えている。そこでは取り組みの過程の把握と分析が重要となる。どのような段階があり、それぞれの段階にはどのような意味があり、それはどのように次を拓いていったのか、そこにはどんな時間が設定されていたのか、等々を明らかにする分析視角が必要だと思われる。そこにはさまざまに移ろう世情の動向も当然のこととして反映しているだろう。

調査の中で趙さんは、「農家をその気にさせること」「その気持ちを育てること」「取り組みに農家の主体性を確立していくこと」が大切だと繰り返し述べておられた。私たちの調査でも、戴庄村の成功は、こうした趙さんの取り組み視点の尊重によるところが大きいことが確認されている。この15年には、さまざまな取り組みが並行し、錯綜して進行してきたが、こうした趙さんの展開的視点を踏まえて、そこには次の6段階があったようだ。

Ⅰ　始まりの段階
Ⅱ　初期の段階
Ⅲ　農家の参加
Ⅳ　専業合作社の設立
Ⅴ　地域農業の展開

Ⅰ　始まりの段階──趙亜夫さんが現地に入る（2001年）

趙さんは戴庄村を「遅れた村」「発展から取り残された村」として捉えて、もしここで成功できれば、より条件が恵まれた他地域への影響は大きいだろうと考えて、いわば困難は承知で、単身村に入った。構想の中軸には、地域の立地からして「有機農業」を据えることが適当だと判断した。「有機農業」を選んだ理由は、事件、事故の続発の中で食べものの安全性への不安感が高まっており、品質の良い有機農産物は高値で販売できるだろうという見通しもあった。

村の幹部と連れだって農家を1戸ずつ訪問した。しかし、農家の反応はきわめて悪かった。すぐに賛同する農家はいなかった。最初の説明会の参加者はわずか2名だった。

Ⅱ　初期の段階（2001年）──モデル圃場の開始　数戸の農家に手伝いを頼む

そこで次の課題はモデル圃場を作って成功を示すことだと考えて、取り組んだ。農家の圃場を借りて、農家に管理の手伝いを頼むという形で、農家にリスク負担がかからない形をとった。作目は有機農業による水稲と桃。いずれも需要が見込まれるもので、趙さんの技術的準備もある品目だった。水稲はコシヒカリの疎植栽培。桃は既に苗木を研究所で準備してあった。

Ⅲ　農家の参加（2002年）――モデル圃場の成功とモデル圃場の農家への分与

有機稲作のモデル圃場は4戸の農家が参加。1戸1ムー（6・7a）。品種はコシヒカリとヒノヒカリと中国新品種。30×30㎝の疎植で2～3本植え。雑草対策は米ヌカ散布で対応。結果は、収量は低かったが、販売は一般米1斤（500g）1元（14円：2002年レート）の8倍（1斤8元＝112円）で売れた。販売方法は口コミの個別販売だった。コシヒカリがいちばん美味しいことが確認され、以後はコシヒカリに特化させた。

桃は二年生の苗を3000本準備し、170ムー（11・4ha）のモデル圃場を作った。園地管理は牧草緑肥の草生栽培で、ニワトリ、ガチョウ、羊の園地放牧をした。2005年から本格的な収穫が始まり、市場価格（1斤0・33元）の15倍（1斤5元）で売れた。

この成功が、地域の一般農家がこのプロジェクトに参加する機運を作った。その後、桃のモデル圃場は希望農家に分与した。

Ⅳ　専業合作社の設立（2006年）――戴庄村における公式の組織的協同事業としての確立

参加農家は152戸に拡大し、それを構成員として戴庄村有機農業専業合作社（注1）が設立された。そこには村と党がしっかり関与しており、地域農業の公的事業組織として設立されたものだった。国や市からの公的支援もこの合作社が受け皿となり、ライスセンター、堆肥センターなど地域の農業事業も構築されていった。専従職員も2名おかれた（現在は5名）。

農家の参加は有機農業認証が必要でそのためのゾーニングに対応して、すぐに参加希望の全ての農家の加入とはならなかった。出資金は1ムー300元（4200円：3年間分割払い）、参加農地は400ムー（26・8ha）で出資金合計は12万元（168万円）。出資金の水準は、事業資金の調達というよりも、参加意志の確認というあたりを狙って設定された。

Ⅴ　地域農業の展開（2010年）——地域農業としての展開

参加農家は広がり、生産規模も拡大した。栽培品目も拡大した。

地域の農家の多くは合作社に参加するようになったが、生産の質的向上という点では問題を残していた。米の場合、当初は農家には面積当たりの仮払いをして精算剰余が出れば追加払いとしていたが、この方式は参加者を拡大するには都合が良いものの生産内容の改善にはつながらず、手抜き栽培も目立つようになってしまっていた。そこで2014年からは、生産高払いに切り替えた。販売収入の拡大と生産意欲の向上をリンクさせたいという狙いからである。

参加農家は、当初は中小農家が中心だったが、有機農業の成功が地域の流れとなる中で、大規模農家の参加も始まり、作業受委託、請負耕作も広がるようになっている。また、派遣された村官(注2)が担い手となり、有畜複合のモデル農場、花卉のモデル農場なども設立され成功を収めつつある。

有機農業の基本資材として、鎮江市名産の黒香酢(注3)の醸造カスがある（鎮江市の黒香酢には玄米仕込みと籾仕込みがあり、大量に出てくるその両方のカスが土づくり資材として活用されている、特に籾仕込みのカスの有用性は大きいようだ）。また、果樹園での中小家畜の放牧飼育や沼地での養魚は、立体農業、循環農業の創造として優れた成果を生んでいる。

綱紀粛正の流れの中で公費購入は縮小されていて、一般市場販売の拡大が課題となっている。

Ⅵ 生態農業へ（2014年）——農業から食＋観光へ

これはこれからの課題ということになるが、当初の戴庄村モデルは、2010年頃にはおおよその完成をみて、そこから次にどこに向かうのかが問われてきている（2015年で5カ年計画終了）。これからの方向は大まかに言えば、より広い多様化と総合化ということのようだ。端的に言えば「有機農業」から「生態農業」（注4）への深化、展開だろう。

農業については、食生産から食＋観光が大きな方向とされるようになっている。品目としては花卉や果樹の重視ということになる。

地域農業から地域づくりへということも本格的課題になろうとしている。本格的な民生投資という課題である。

また観光開発としては未利用、低利用の傾斜地の計画的開発が課題となっているようである。

（注1）資材購買や農産物販売で共同する日本の「専門農協」に似た組織。114頁を参照。

（注2）行政村の実務処理補完と若者の農村体験を目的に、大学卒業から3年間村に派遣する制度。107頁を参照。

（注3）「中国三大名酢」あるいは「中国四大名酢」の一つといわれている。

（注4）地域環境と自然循環を重視する農業。74頁を参照。

第1章　戴庄村　有機農業の展開と現在

中島紀一

1　はじめに

この戴庄村調査は2015年4月と6月の2回、それぞれ1週間の日程での調査だった。農文協の企画によるもので、農文協としては戴庄村や趙亜夫さんとしばらく前からの親しいお付き合いを踏まえてのことだった。しかし、本書の主な執筆者となった中島も楠本も今回が初めての訪問で、執筆者2人としては、短期間2回の訪問では農村調査としてはいかにも不十分との思いは強い。とはいえ依頼された外国調査としてとりあえずこれ以上は無理なので、不確かなことばかり多いのだが、2回の訪問の限りで見聞できたことを報告したい。分担としては中島が農業調査報告、楠本が農村調査報告を担当することにした。第1章と第2章では中島から、戴庄村での有機農業の概要とそこで提起されている論点などを紹介したい。

訪問の初回は4月中頃、春、新緑の戴庄村の自然の中。2回目は6月で梅雨の頃で、この地域が激しい豪雨に見舞われる最中の訪問だった。2回目の初日、鎮江市の宿で、天が抜けたのかと思うほどの豪雨の朝を迎え、宿の大きな窓からそれを眺めながら、あーここはアジア・モンスーンの本場なのだと強く感銘した。この長く続く雨と夏の暑さ。これが、モンスーン農業の生産力の基盤なのだと、この季節に訪問し、この雨に遭遇できたことにつくづくと嬉しく感じた（写真1－1）。

2回の農業調査の全体印象としては、作物も家畜も素直に育ち、土には豊かさがあり、農家の顔も元気でかつ穏やかで、あー、ここにはとてもいい農業があるのだな、と実感された。戴庄村有機農業プロジェクトは、これまでのところ趙亜夫さんの素晴らしい指導に導かれて15年を経て、おおよそ成功を収めつつあるのだなと感じた。

序章で述べたことの繰り返しになるが、この成功にはいくつかの政策論的筋が貫かれていた。

第1は担い手政策で、特別な優秀農家の育成ではなく、ごく普通の小さな農家群の参加が目指されてきた。また、生産性向上には農家の組織的連携が重視されてきた。そこからこの取り組みは地域社会の形成、地域農業の形成ともなっていった。

第2は技術政策で、特別な奇抜な技術導入ではなく、有機農業の考え方を踏まえて、土づくり、健

写真１−１　趙亜夫さん（左から４人目）から説明を受ける調査メンバー
左端が中島、左から３番目が楠本。他は農文協職員

全な作物生育、適切な品種選定、無理な増収は追求しない、手作業を中心にした丁寧な栽培管理など、誰もが取り組める方向が重視された。ここでは有機農業は、伝統農法を踏まえた当たり前の農業として組み立てられようとしてきた。

第3は価格政策で、有機農業の実践で、収量は少なくなるが、品質は向上し、価格は慣行栽培の数倍となり、確実に農家は豊かさを手にできる。その背景にはきわめて有利な有機農産物の販売ルートの開発があった。

今回の調査では、戴庄村の有機農業プロジェクトの成功は、こうした確かな政策路線を踏まえたものだったと確認できた。しかし同時に、その取り組みは一つの成功の峰を越えて、いま、新しい状況に直面して、ある種の方向転換が模索され始めているようにも見えた。

最大の変化は戴庄村が独自に開発してきた有機農産物販売ルートの狭小化である。序章でも述べたように習近平主席が強力に進めている腐敗一掃、綱紀粛正の政策は、高級食材の宴会や贈答需要などの特殊市場をかなり極度に縮小させた。これによって戴庄村の有機農産物の有利販売は量的にも価格水準的にもかなり難しくなっている。これは戴庄村有機農業にとって深刻な困難である。しかし、他方では続発する食品事件の社会情勢の下で、一般消費者の中に有機農産物の需要は広がりつつあるという新状況も出てきている。そこで戴庄村では販売の主力を一般消費者対象に切り替えようとする取り組みが開始されてきている。

しかし、その場合の価格水準は従来の特殊な高級食材市場のようなわけにはいかなくなる。量的にも少量販売の丁寧な積み上げが必要になる。価格は下げざるを得ず、販売努力はこれまで以上に必要となる。となると生産現場に対しては、高価格で誘導する生産奨励だけでなく、生産力の向上とコストダウン、生産者相互の切磋琢磨も強く求めざるを得なくなる。農家間の生産力格差も問題にせざるを得なくなってきているようなのだ。

もう一つの新状況は、これは困難というより新しい展開課題なのだが、農産物の生産販売だけでなく、自然豊かな環境と安全で高品質な有機農業生産をつなげた農村観光への展開という方向である。国民の所得向上の中で、観光需要は高まっており、各地で環境重視のいわゆる生態観光の取り組みも広がりつつある。戴庄村でも、観光客は増えており、農園直売も盛んになりつつある。また、有機農業による生物多様性保全についての調査研究も始まっている。しかし、それはまだ端緒的で、本格的なものとはなっていない。政策論としては「有機農業」から「生態農業」へという展開になるのだが、こうした政策方向をしっかりと見据えて、総合的構想の計画の確立が必要となっているようだった。この第2の問題については第2章で紹介することにしたい。

これらのことも課題として意識しながら、本章では部門別に農家調査の結果について報告していきたい。今回の農業調査での調査農家は以下の8戸だった。

稲作農家……………金国慶さん、藍瑞華さん、張広才さん

桃農家……………彭玉和さん、杜中志さん

傾斜地開発……張正義さん（ブドウ、イチジク、茶）

豚農家…………藍濤さん
有畜複合農業…汪厚俊さん

2 有機稲作

有機稲作は戴庄村有機農業プロジェクトの中核である。生産面積、販売金額も多く、参加農家も多い。個々の水田についての詳しい調査まではできなかったが、畦道からの視察の限りでは稲の育ちも良好で、雑草抑制にもある程度成功しているようだった。これまでのところ、ここでの有機稲作は大成功のようであった。村の農家がそれぞれに無理なく小規模な有機稲作に参加できて、それなりの成績を上げてこられたことがこのプロジェクトが地域農業プロジェクトとして展開できてきた基盤であった。

戴庄村有機稲作の技術的成功は、長江下流という肥沃な土壌条件、長い伝統的な農家の技術力にも恵まれての成果のようだった。また、そこでは日本の民間技術も大いに役立っているようだった。橋川潮さん（滋賀県立大学）が提唱された疎植稲作、稲葉光國さん（民間稲作研究所）が指導された米ヌカ除草、岸田芳朗さん（岡山大学）も現地指導されたアイガモ農法などなど。最近ではそれに鎮江市名産の黒香酢の籾殻発酵カス施用が有力な技術として加わっている。

品種は地元消費の多い在来種ではなく日本のコシヒカリが選ばれてきた。コシヒカリはお粥が好まれる地元での一般消費には歓迎されていないが、ご飯としては美味しくて高級感があり、安全農産物の高級消費需要には適合していたということのようだった。

コシヒカリに象徴される高級有機米は、高級宴会需要、幹部の間での贈答需要などに牽引されてきたが、先にも述べたように習近平首脳部が進めている腐敗根絶、綱紀粛正の政策の影響で、需要に大きな陰りが生じており、戴庄村でも有機米が大量に売れ残る状況となり、深刻な行き詰まりに直面している。それへのさまざまな対処策がいま模索されているようだったが、一般消費者にも価格を下げて売りやすい米の導入（在来種の作付けなど）という方向や機械化低コストの大規模農家の主導という方向など、これまでとは少し違った農業の方向も試行されているようだった。

戴庄村での有機稲作の取り組み経過は次のようであった。

まず4軒の農家の参加を得て、2004年に1戸1ムー（全体で4～5ムー）という規模の趙さん主導の実験栽培という形でスタートした。地域としては最も貧しい白沙村が選ばれた。品種は、初年度はコシヒカリ、ヒノヒカリ、中国品種（ジャポニカの育成品種）が比較栽培された。

秋に試食した結果、コシヒカリが良さそうだということになり、2年目からはコシヒカリに絞られてきた。その頃は上海など中国南部地域ではまだコシヒカリはあまり知られていなかったが、噂の有機コシヒカリとして高級食材市場においては次第に人気が高まっていったようだ。戴庄村での有機稲作の拡大はそうした社会的条件ともうまく対応していた。

趙さんは、既に1960年代に日本との技術交流でコシヒカリの試験栽培を行なったことがあった。その時は密植（1ムー当たり1万5000株）・多肥栽培だったので、すぐ倒伏してしまい「コシヒカリはダメだ」と感じたという。しかし、1982年に愛知県安城市に研修に行った際に、『現代農業』で疎植栽培の橋川さんのことを知り、自宅をお訪ねして、教えを受け交流を重ねてきたという経過もあった。そこで戴庄村での有機コシヒカリ栽培は、橋川さんから学んだ疎植技術を基本にして進めることにした（写真1−2）。

この地域の在来稲作の耕種概要は次のようだった。

収量は550kg／ムー（籾重量）

密植（1万5000株／ムー）、多肥（N成分20kg／ムー、尿素、緩効性化肥）

松島式のV字型稲作

写真1−2　疎植栽培の稲（6月30日撮影）

それに対して戴庄村で趙さんが指導したコシヒカリの有機栽培は次のようだった。

収量　250～300kg／ムー（籾重量）

疎植（30×30cm、1株2～3本、6700株／ムー）

少肥（ナタネカス50kg／ムー、N成分1・25kg／ムー）

活着促進と除草対策として　米ヌカ50kg／ムー

井原流のへの字稲作

秋には合作社が全量集荷し、合作社としてさまざまなルートに一元販売する。一般米は1斤（500g）1元程度の販売価格だったが、戴庄村有機米は8倍の8元で販売できた。収量は低かったがこの高値販売の成功が多数の農家参加の引き金となった。農家への支払いは、1ムー（6・7a）当たり一律1300元（1万8200円）の面積支払いとした。参加農家にとってきわめて有利な価格設定である。有機米参加農家の広がりはこうした価格政策による誘導も強くはたらいていた。

栽培は年々増えて全村に普及したが、農家の技術はなかなか向上へと進まず、むしろ手抜き栽培の傾向も目立ってきてしまった。そこで2014年からは、価格を1斤7元（98円）に値下げし、実収量換算で支払うように改めた。それでもなお農家に有利な価格設定である。他方、合作社としての販売は前述のような事情で苦戦し、倉庫には大量の売れ残りが滞貨してしまうという事態も生じている。栽培も販売も再検討の段階にきているようだった。

元合作社理事のベテラン農家――金国慶《きんこくけい》さん（67歳）

金さんの田んぼは、手植えで、欠株もなく、田んぼは均平に仕上がっていて、畦畔の草刈りは行き届き、抑草もみごとに果たされていた。戴庄村の有機稲作の優れた到達点と言えるようだった（写真1－3）。

2015年からは、合作社としての試みとしてポット田植機の導入が図られ、金さんはその試験農家となった。ポット田植機利用の田んぼも見事な生育だった。

手植えの田んぼは30×30㎝の尺角植え。田植機はそこまでの疎植ができないので33×22㎝とした。堆肥は籾殻香酢カスを1ｔ／ムー。施肥としてはかなりの少肥だ。合作社が奨励しているレンゲも緑肥としてすき込んだ。耕耘4月上旬、代かき5月26日、田植え5月29日。

ポット苗は3粒蒔きで4・5葉期田植えである。収穫作業は委託している。

金さんは南粳46号という在来改良種の試験栽培もしていた。これは短稈で550kg／ムー（籾重量）くらい穫れるとされている（コシヒカリより多収）。合作社としては販売価格をコシヒカリ36元／kgに対して南粳46号：コシヒカリの1：1のブレンド米20元／kg（南粳単体では10元／kg）と見込んでいる。一般消費者が食べ慣れてきた在来種なので価格切り下げとの相乗で有機米の一般市場販売の拡大を狙っている。

ここで金さんの暮らしの様子を紹介しよう。

金さんは1948年生まれ。夫婦2人と息子夫婦の4人暮らし。近く孫が生まれるので、家の改築をしており、その最中の訪問だった。

　金さんの父の代に河南省からここに移住してきた。河南省の暮らしが貧しくそこから逃れてここに移住してきたのだと父から聞いている。戴庄村に来てからは農業が主業で、はじめは地主の農地を借りて小作をやっていたが、よく働いたので自作地を持てるようになった。解放の時の農地改革で自作農になった。

　金さんは、若い頃は村の生産隊長(注1)をやっていたが、22歳の時（1970年）に地元の供銷《きょうしょう》合作社(注2)職員となる。生産請負制(注3)に移行した時に金さんは供銷合作社に勤務していたので「都市戸籍(注4)」となっており、農地の配分を受けられなかった。妻は「農村戸籍(注4)」で、現在の農地は妻への配分によるもの。その後隣町袁巷鎮《えんこうちん》（旧鎮所在地）にある綿花加工所に勤務し、2005年に定年退職。加工所へは自転車で通勤していた。

　その頃は、家の農業は息子が担当していた。金さんが退職してからは、農業は金さんが担当し、息子は村の合作社の仕

写真1−3
金国慶さん（右）
と趙亜夫さん

事を手伝っている（合作社の5人の専従の補助職の1人）。金さんは2007年に有機農業合作社の理事に就任。ブロック長も兼ねている。合作社の仕事を手伝っている息子は、家の農業も手伝う。息子の妻は、句容市内で働いている（砂糖、タバコ、お酒の営業）。

金家の農業は次の通り。

水田……5ムー（有機米を栽培）

畑作……5ムー（トウモロコシ2ムー、ラッカセイ1ムー、ナタネ2ムー、綿花1ムー）

綿花は、相場によって販売するか、自分で使うかを決める。

2014年の稲作収入は、1ムー当たりでは米販売1650元（収量は237kg、7元/kg）とレンゲ栽培奨励金300元とを合わせて1950元（3万9000円：2015年レート20円/元）、水田面積は5ムーなので合計で9750元となる。その他に供銷合作社勤務の年金もあり、年間収入は約3万元（約60万円）くらいである。食べものなどは自給しているので、お金はほとんど使わずに暮らしていける。

息子は近い将来は農業に戻り、ハウスブドウに取り組みたいと言っている。息子の合作社の仕事はライスセンターやハウス管理その他である。

（注1）人民公社時代の生産単位。およそ30～50戸で構成され、土地、役畜、農具などを持つ。

（注2）新中国成立当時から続いている、主に農村の供（購買）と銷（販売）を行なう組織。114頁参照。

（注3）農民が村から農地を借りて耕作する制度。人民公社による集団所有・集団労働体制に代わり1980年前後から導入され、現在まで続く。
（注4）新中国成立以来、戸籍制度は農村と都市（正式には「農業戸籍」と「非農業戸籍」）の二元的な制度となっている。

作業委託している兼業農家—藍瑞華《らんずいか》さん（59歳）

藍さん、妻56歳、娘が2人いるがいずれも結婚して他出した。

曾祖父が河南省から戴庄村に移住してきた。人民公社時代には生産小隊の隊長をしていた。その関係もあって、人民公社廃止後も出稼ぎには出ずに、村内での農業関係の仕事に従事してきた（写真1−4）。

水田10ムー（67a）。6ムーは当家の生産請負田。4ムーは他家からの借地である。全て有機稲作。有機稲作は2006年に始めた。

藍さんは兼業農家で、夫婦で植木業の張広才さん（後出）の会社で働いている。張さんの会社では、藍さんは人夫頭、妻は会社の食堂勤務である。藍さんの仕事は毎朝雇用人を集め仕事の指示をするだけなので、その後の時間は自家の農作

写真1−4　稲作農家　藍瑞華さん

業に従事できる。
勤めの賃金は2人で5〜6万元（100万〜120万円）。田んぼの収入は10ムーで1万7500元（35万円）ほどになる。畑は5ムーあるが合作社に貸してある。地代は現物で米50kg／ムーだったが、その後100kg／ムーになった。地代の米は一般米で自家用にする。自留地は0・1ムーで自給野菜を栽培している（一般栽培）。お祭りの時の粽《ちまき》などに使うのでモチ米も栽培していたが現在はやめている。昨年から田植えと収穫は張広才さんに委託している。委託も含むコストは10ムーで1万元くらいかかる。だから手元に残るのは7500元（15万円）くらいになってしまう。

播種量　籾2kg／ムー、16〜18箱／ムー、品種はコシヒカリ
緑肥　紅花草《レンゲ》、稲刈り半月前（落水後）に播種、稲刈り時には発芽している
籾殻香酢カス　500〜1000kg／ムー施用、追肥はしない
種子処理　500倍の香酢液に2日間浸水
植え付け　20〜25×30cm　手植えの時は30×30cmだったが委託になって機械の都合で一般の有機米は5月下旬田植え、ナタネ後作の田は6月下旬田植え
田植え1週間後に米ヌカ50kg／ムー、除草3〜4回、中干し7月中旬
収穫　9月中〜下旬、落水は収穫半月前

藍さんの田んぼの様子

藍さんの稲作は前述のように、昨年から大型機械利用の張さんに、耕耘・代かき、育苗、田植え、収穫・調整などの作業を委託している。

今回、田んぼと稲を見せてもらったが、稲はおおむね素直に元気に生長しており、土の状態も良い感じだった。雑草もおおむね抑制されていた。有機稲作としてはまあまあの水準のように感じられた。しかし、よく見ると田んぼの区画は大きくはないにもかかわらず均平に難があり、それに起因すると思われる雑草発生も見られ、欠株も目立った。委託した代かきが丁寧ではなかったようなのだ。藍さんも、たとえば田植え後に補植を丁寧にしていない、除草をあまりしていないなど、田んぼ管理に精を出しているようには見受けられなかった。

ナタネ収穫あとに田植えして一週間ほどの田んぼとも出会った。しかし、そこはかなり極端な徒長苗の乱雑な植え付けだった。機械の張さんの都合でそうなってしまったとのことだった。

藍さんの田んぼの道をはさんだ隣には、小さい綿畑があった。大柄な株で元気な生育だった。聞いてみるとそこは別の農家の自留地で、自家用の布団用の綿生産だとのことだった。また田んぼの畦畔に畦豆を丁寧に栽培している農家もあるようだった。これも自給用なのだろう。

戴庄村には、田んぼや小さな土地利用についてさまざまな感覚を持っている農家がおり、どうもこの有機農業プロジェクトの現在の実際としては、そのあたりをちゃんと踏まえて、農家の熱意をうまく引き出すようにはなっていないようにも感じられた。

機械の張さんは、本業は植木の苗生産業で、藍さん夫婦の雇い主でもあり、両者の関係は濃密なものと推察されるが、それが張さんの機械稲作、藍さんの稲作に相乗的にプラスにははたらいておらず、張さんはやや粗雑な機械作業を進めるようになり、藍さんも手抜き稲作の方向へと動いてしまっているように感じられた。これはかなり拙い状態だと感じた。

自前で大型機械を揃えた担い手農家─張広才《ちょうこうざい》さん（42歳）

さてその張さんである。大型機械を揃えた機械稲作の担い手農家である。戴庄村としても張さんに強く期待していて政策的支援も厚くされているようである。１９７３年生まれ。

見学した張さんの田んぼは藍さんの田んぼの近くで、その印象は、藍さんとよく似ていた。

畦畔は草が繁茂し、どうも田植えから1カ月ほどたっていたが、まだ草刈りを一度もしていないようだった。その畦畔には踏み跡もなく、田んぼの見回りもほとんどしていないと推察された。田植えのテンポに苗づくりが間に合わず15日苗での田植えの場所もあったという。米ヌカを抑草目的で散布しているが、これも雨が多く、また作業手順も整わず田植え後20日から30日目くらいの散布となったところもあったらしい（写真1─5）。

家にある巨大な機械収納庫も視察したが、機械保管の粗雑さには驚いた。機械の洗浄もあまりやられていないようだった。

張さんの機械はいずれも１００馬力超の大型機械で、戴庄村の土地条件としては基本的に不都合ではないかとの印象を受けた。それについて聞いてみると、中国では小・中型の機械は生産販売しておらず、仕方がないのだとの答えだった。農業機械のあり方は中国の農業技術政策の基本に関わることで、戴庄村としてはどうにもならない与件なのだろう。しかし、戴庄村には手作業中心の丁寧な有機稲作を推進していく労働力的条件はまだ残されており、うまく誘導すればその方向で農家の意欲を組織することは可能で、この10年あまりはその方向で取り組みが進められてきた。それがこの段階にきて、なぜこれほど急にこれほど粗雑な機械稲作に転換しようとしているのか、よく理解できなかった。

張さんの大規模稲作経営についての考え方や計画は次のようだという。

家族は両親、張さん夫妻、娘2人の6人。生産請負地は4ムーだった。だからほとんど非農家としての出発だった。張さんは中卒で、運転免許をとって運送業で懸命に働いてきた。2004年には合作社の米の宅配をほとんど1人で請け負うようになった。2010年に苗木栽培を企業的に開始した。

写真1−5
張広才さんの自宅でヒアリング（矢印が張広才さん）

そして２０１４年。この年に初めて稲つくりを開始した。初年でいきなり３８０ムー（25・５ha）の請負。その他に収穫の作業受託を６２０ムー（41・５ha）引き受けた。ところが栽培管理が追いつかず、作柄は悪かった。２０１５年には前年の失敗を踏まえて直営管理する面積を１８０ムー（12ha）に減らした。

張さんの機械装備は次のようである。

トラクタ………２台（うち１台は70馬力の東風で68万元）、２０１３年と２０１４年に購入（写真１−６）
コンバイン……２台（２０１３年１台、２０１４年春１台、２０１５年にさらに１台購入予定）
田植機…………２台（ヤンマー製、２０１４年春に２台とも購入）、さらに１台購入予定
稲作経営面積…８００ムー（自作１８０ムー、作業受託６２０ムー）
作業受託………合作社経由３００ムー、個別農家から直接受託３２０ムー
借地料…………１ムー当たり８００元（約１万６０００円）。借地料を払っている水田が３００ムーなので地代は合計で24万元（約４８０万円）となる。

作業受託の料金と経費
受託料…………１８０元（約３６００円）／ムー
経費……………90〜92元＋α／ムー
差し引き70元（約１４００円）／ムーくらい

このような大型稲作には大きな投資が必要だった。その点について家族の理解と合意があったことがそこに踏み切る第1の前提だったという。母は、父は体が不自由なので、息子（張さん）には家にいられる仕事をしてほしいという希望があった。そうすれば自分も手伝えるからと言ってくれた。張さんが運送業で働いて貯めた資金を元に、家族も貯めてきた資金をそれぞれ提供してくれた。

投資額は２０１４年だけで総額60万元（自己資金20万元、銀行借り入れ20万元、合作社からの借り入れ20万元）。２０１５年には、合作社には10万元は返済した。60万元の投資は３年で回収するつもりだという。

昨年は初めてなのでうまくいかなかったが２０１５年はガッチリ稼ぐつもりだという。戴庄村での稲作には将来性があると考えている。２０１４年の平均収量は２００kg／ムーだったが、２０１５年には３００kg／ムーを目指している（有機米の村内の平均は２５０〜３５０kg）。年間所得は20万元を計画しているという。こうした張さんの目算には外部調査者

写真１−６
張広才さん所有のトラクター

には危うさばかりが見えてしまったがどうであろうか。

張さんのこのような経営展開の背景には、戴庄村農業のこれからについての趙亜夫さんも含む村首脳部の新しい一つの判断がはたらいているようだった。それは生産請負制での農地配分があまりにも平等主義的で、それはいずれ修正されなければならないという判断があり、また併せて村民たちの将来の意向は、農業の経営縮小と経営拡大の希望がほぼ拮抗しているという認識があるようだった。村民アンケートでは稲作をやめたい人が35％（年取った、子供が務め、機械への投資、農外の仕事へ）、拡大したい人が40％となっており、担い手の構造再編は必至だとの判断なのである。また有機米販売の苦戦の中で低コスト生産の必要性も増してきている。だがこうした認識はおそらく状況判断の揺らぎと言わざるを得ないだろう。これでは戴庄村方式の基本的あり方の修正につながってしまう。

戴庄村にはもう1戸、400ムーの大型稲作経営があるが、その人も2014年の成績は良くなかった。そこでこうした突出した大経営はとりあえず抑制して、小規模拡大の農家を育成したいと趙さんは語っていた。しかし、それは趙さんとしてのたいへんデリケートな判断であって、戴庄村としてのしっかりした集団的合意、判断ではないようだった。趙さんの状況判断は柔軟で的確なのだが、それは組織的に確立された認識とはなっておらず、このあたりに戴庄村モデルの構造的危うさがあるように思われた。

3　有機果樹　桃

戴庄村の有機果樹の看板は桃である。２戸の農家の大成功が戴庄村有機農業プロジェクトの最初を牽引した。それぞれ年30万元もの収入を得て、後継者夫婦も就農し、最近には家を数軒新築し、大展開しつつある。販売は園地直売に力を入れている。１戸が始めた農家レストランも大人気で、もう１戸もそれに続こうとしている。今回の調査ではその２戸のお話を聴くことができた。

だがこうした２戸の大成功にもかかわらずどうしたわけか、その後、桃農家は増えていないようで、そのあたりに戴庄村有機プロジェクトの現在の課題が示されているようだった。

戴庄村の住民は、河南省からの移民が多く、果樹栽培には多少の経験を持つ人がいた。この地方では桃は基幹果樹で、これでの成功が鍵だと考えて趙さんは最初のモデル園を桃園と定めた。有機栽培に向いている新しい品種を選定し、農業科学研究所で接木をして育成し、現地の展示圃（１７０ムー）に定植し、３年で収穫が始まった。現地の園に定植したのは二年生の苗３０００本。仕立て方は日本の技術で山梨県の大藤流。施肥は少肥を原則としたので初期には病気は出なかった。病気が出た時は石灰硫黄合剤の施用を準備し、アブラムシには木酢の使用を想定した。園地にはイタリアンライグラスやクローバなどを播種し草生とし、鶏、ガチョウ、羊などを放飼し、害虫対策にも供した。農業科学研究所ではこの方法で試験栽培をしており、初めからやれると確信していた。

有機桃のモデル園づくりに協力した農家—杜《と》中《ちゅう》志《し》さん（61歳）

本人、妻59歳、息子36歳、息子妻36歳、孫13歳と5歳。

杜さんは長く国有林の日雇いの作業員をしていた（1日20元）。日雇いだが組長で、技術には関心があった（写真1－7）。

2001年から趙さんのプロジェクトが始まって、桃のモデル園の管理担当を頼まれた（1日10元）。趙さんは農家を廻って「近代農業」として有機農業を勧めていた。国有林で働いていたこともあって、「新しい技術」ということを信じる気持ちもあり、やってみても良いかという気になったという。国有林の仕事は人夫を集めて指示をすれば終わりなので、モデル園の仕事も兼業できた。国有林の仕事は2005年に辞めた。

モデル桃園の初収穫は2005年だった。この段階でモデル園の払い下げがあり、最初は130ムーも引き受けたが、労力的にとてもできないので70ムーに減らした。地代は20年契約で188元／ムーだった。2006年はモデル園としての報酬で6000元。2007年からは自家販売が開始され3万元、2008年8万元、2012年からは20～30万元。普通ではとても考えられないような収入の伸びだった。杜さんの趙さんへの信頼は厚く、「こうなったら趙亜夫さんに石ころ植えろと言われても、俺は植える」とまで言っていた。息子は出稼ぎに出ていたが2001年に結婚し、桃を始める頃から家の農業を手伝い、また合作社の仕事をしている。

２００2年にモデル園で働く必要から園地に現在の家（兼作業所）を建てた。２０１4年現在の家に3部屋増築（今後、農家レストランにも取り組む計画）、同年に集落の中に家を新築（将来、自分たち夫婦が住む家として）、また同年に50万元で句容市内に家を買った（これは子供たちの家として）。

桃の品種は7品種、収穫は5月25日～9月10日まで。収量よりも品質重視の方針である。１・５ｔ／ムーの収穫も可能だが、品質優先で７５０kg／ムーに抑えている。収穫期間を延ばせば収入は増えるが、終わりの頃には品質が落ちてしまうので早めに切り上げている。晩生で虫害の多い新白花という品種をやめて新品種を入れた。

施肥は籾殻香酢発酵カスが中心で、しかしそれだけでは樹勢が弱いので2月に株元に鶏糞を施用（1ｔ／ムー）。しかし、入れすぎると桃の品質が落ちるので、ほどほどの施用になるよう気を付けている。

剪定は枝葉に光を当てることを目標にしている。主な作業時期は冬だが、夏でも気になれば鋏を入れる。剪定は杜さん

写真１−７
桃農家 杜中志さん（左）と息子の付海さん（右）。真ん中は通訳をお願いした李傅徳さん（現・鎮江市科学技術局）

と息子の仕事で、息子はまだ父の見習いの段階だ。

害虫対策は野鳥に依存している。落果などを集めて砂糖を加えた液を作り、それに虫を寄せ、その虫を野鳥に食わせる。しかし、ムクドリなどによる成果の食害も問題となっている。その他に、石灰硫黄合剤3〜4回、香酢を5日に1回程度の散布、また木酢液でアブラムシ対策をしている。木酢液は合作社で籾殻を原料に作っている。籾殻燻炭も製造している。

園地管理は草生で、そこで家禽を放飼している。主な目的は園地管理である。園地に放飼している中小家畜はガチョウ1000羽、ニワトリ1000〜2000羽、アヒル数十羽、ウサギ30羽ほどである。鳥を放飼しているので害虫は少なくなっているように感じる。放飼家禽には消費者の人気もあり収入もあるが、経営としてはあてにしていない。

現在の耕作農地は以下の通り。

果樹園70ムー（約4・7ha）　桃の有機栽培。土地は傾斜地。うち58ムーは展示圃の払い下げ、12ムーは自己開墾

写真1−8
桃園に設置されたソーラー式誘蛾灯

水田8ムー　有機米　緑肥用としてレンゲを栽培

苗木園2ムー

桃の販売収入は20～30万元（約400万～600万円）、1斤（500g）7～8元。米の収入は1万元程度。

桃の生産コストは12万元（雇用5万元、箱などの経費4万元、肥料1万元　農薬1000元、雇用は「袋かけ」と「収穫（大量の注文）」の忙しい時で労賃は1日＝100元）。

桃の販売は以下の通り。

合作社の紹介20％、村の人脈20％、鎮の紹介20％、自力販売40％。選果のランクは秀と良の2ランク。庭先では秀1箱12個32元（12元／kg）としている。

今後の村に必要なこととして直売体制の強化を言っていた。杜さんの家でも農家レストランの準備中である。園に桃を買いに来る人は桃だけを買いに来るのではなく、散歩したり、放し飼いの鶏やガチョウを見たりと、桃園に来る目的はその他にもあるようなので、果樹園の裏側に散歩道を作り、桃園全体が農業公園のような整備もしていきたいと語っていた。

桃直売・農家レストランを展開する農家─彭玉和《ほうぎょくわ》さん（53歳）

本人、妻49歳、息子30歳、息子妻29歳、孫1人。

彭さんは若い頃は人民解放軍の兵士だった。3年で退役し、以後は主に出稼ぎをして生きてきた。

6人兄弟の末っ子で貧しく、結婚の時にボロの家を貰っただけだった。生産請負制の時の配分は水田2ムーだけだった。無錫《むしゃくし》市や他の省などで、電気工の助手のような仕事をしていた。戴庄村に戻って来たのは2006年。そこで趙さんから有機桃への参加を誘われた（写真1－9）。

それまでの農業の経験としては仲間3人で80ムーの土地を借りてスイカを栽培したことがあった。しかしその時は総売り上げで700元にしかならず大失敗だった。振り返れば2006年に戴庄村に戻って桃栽培を始めるまでは失敗の連続だったという。

2006年に趙さんのモデル桃園の農家への払い下げがあり、それには5戸の農家が参加した。彭さんには約30ムーの配分で、1kg16元で売れて、その年に約3万元近くの売り上げとなった。こんな稼ぎは初めてだったので驚いたという。趙さんから桃栽培を勧められた時には妻は大反対だった。この収入があってからは妻も一緒に桃一筋でやってきたとのことである。

2008年7万元、2010年10万元と収入は飛躍的に伸びた。モデル園の払い下げは1ムー当り188元だった。これは痩せた荒蕪地の価格。現在では農地は400～800元／ムー出しても手に入らない。

現在は60ムー（約4ha）の桃園と水田5・8ムーを経営している。全くの無経験からのスタートだったが、お隣には杜さんがいて聞けば教えてくれたし、趙さんからは分からなかったら何でも電話しろと言ってもらえたので大きな失敗はなかった。

品種は6品種（野鶏紅＝在来で硬い桃2ムー、良姫10ムー、アカツキ10ムー、千代姫10ムー、日川白鳳20

ムー、ネクタリン８ムー：基本的にはモデル園の植栽のまま)。

揚子江より北の人は在来の硬い桃を好み、南の人は甘くて軟らかな蜜桃を好むとのことである。収穫期間をできるだけ長くするように工夫している。収穫期間は５月20日～９月末まで。収穫量は８００kg／ムーくらい。

堆肥施用はお正月の仕事。羊糞、豚糞などを施用。トラクタで40車（１車１ｔ２００元)、３年に１回の施用としている。籾殻香酢カスが基本だと指導されてきたが、肥効が遅く弱いので畜糞を入れるようになった。

剪定は冬の間２カ月、当主の仕事である。枝葉にまんべんなく光が当たるように考えながら実施。害虫としては木を枯らす天牛（カミキリムシ）がいちばん怖い。蝕孔を見つけて針金で刺して殺す。園には虫取りトラップも仕掛けてある。野鳥を呼び込む工夫もしている。病気対策では石灰硫黄合剤２～３回、ボルドー液１～２回、開花以降は香酢を半月おきに動粉で散布。袋かけの前には香酢を濃い目にして散布。防除も当主の仕事となる。雇用は袋かけや収穫の時に来てもら

写真１−９
桃農家　彭玉和さん

う。労賃は年間2～3万元くらい。

園地は草生で家禽を放飼している。鶏3000～4000羽、ガチョウ1000羽、アヒル500羽くらい。家禽放飼の主目的は園地管理だが、これも人気ある商品となる。

2014年は、桃の売り上げが30万元、農家レストラン（食事、卵、鶏）（写真1－10）などの収入が20万元で、年収は50万元（約1000万円）にもなった。その収入で家を3軒購入した。

桃の販売は庭先直売がほとんどである。土日には100人くらいの客が来て、1日100箱くらいは売れる（1箱12個2・5kg40元）。またほとんどの人がここで食事をし、卵や鶏を買っていく。卵は1日1000個くらい採れる。鶏は1羽1・5～3kg、1kg60元で一般価格の3倍くらいである。客は会社のグループや家族連れでリピーターが多い。

ここで2戸の桃農家を訪ねての感想を記しておきたい。

両家とも過去貧しい暮らしが続いたが、有機桃栽培への転

写真1－10
彭さんの農家レストラン。写っているのは彭さんの息子さん

換で富裕農家に飛躍した。家族揃ってよく頑張ってきた。息子夫婦も就農して、親子二代の立派な農家として充実できた。これは趙さんの指導の賜で、両家ともに趙さんへの信頼は厚い。

両家の園地はまとまっていて隣接している。ゆるい傾斜地で排水は良く、明るい風通しの良い園地である。比較的疎植で、桃樹の生育は良く、枝ぶりも良い、葉色も良い。両家の技術はよく似ており、園の育成、有機栽培はおおよそ成功しているようであった。

しかし、両家の農業のセンスはかなり違っているようだった。杜さんは堅実で、彭さんは勘が良くそれに支えられて大展開を追求してきた。

両家は戴庄村有機農業のパイオニアでともに先頭を進んできた同志なのだが、現在の関係はあまり良くないようだった。直売は後輩の彭さん主導、杜さんはいまそのまねをしているのだが、直売客の取り合いのようになっており、客引きの看板は入り乱れ、かなり見苦しかった。

今回の調査の限りでは、両家とも、園地の状態は良好で、有機栽培も成功しており、美味しくて安全な桃の安定生産、庭先直売、農家レストランの成功、鶏放飼による園地管理は成功し、安全で美味しい卵や鶏販売も人気、固定客がついており今後も拡大の見込みがあるなど、戴庄村を牽引する成功例と理解してよいようだ。今後の方向としても、庭先販売の人気は、戴庄村を有機農業観光の拠点として整備していくことの現実的可能性を示している。

しかし、こうした成功の実績があるにもかかわらず、栽培農家は増えず、農家組合も確立できず、相互にいがみ合いが目立つという、今回の調査で垣間見た現状は、戴庄村の現在の問題点を端的に示しているようにも思えた。

また、栽培面では、これまでのところ有機桃園の造成と運営に一応成功しているようだったが、動向としては生産力向上のために、家畜堆肥などの増投の方向に傾いているようで、栽培技術の深化への課題や展望は見えていないようだった。このままでは「販売有利の有機農業」というあり方だけが強まってしまうことが懸念される。

庭先販売で、有機農業のコンセプトに惹かれて戴庄村を訪れる消費者との交流が広がっていることは大切な到達点だが、現状では「人気があってよく売れる」というだけのことで、来村する消費者と何を共有し、この地で新しいどのような農と農村を作り出していくのかという問題意識が芽生えていないようだという点は大きな問題だと感じた。

4 傾斜地開発

戴庄村プロジェクトの際立った特徴は傾斜地＝未墾地開発にあった。戴庄村は中山間に立地し、農耕に不適とされた傾斜地が未墾地として広く残されていた。その地域条件が戴庄村を貧しい農村として固定させてきた大きな要因だった。しかし、趙さんは、むしろその点をプロジェクトの可能性と捉えて、戴庄村の中でも最も条件が厳しく傾斜地を広く抱える白沙村を設定した。地域づくりの大型プロジェクト推進の大きな壁は土地問題であることが多い。しかし、白沙村では、村の裁量で農地開発が可能な傾斜地が多くあり、また、傾斜地条件は、特産物開発には適していることも多い。さらに、こうした貧困地域で開発に成功すれば、その社会的効果は大きいと趙さんは考えたのである。

趙さんは、白沙村に有機農業のモデル園を設けて、水田、桃など技術的可能性の開けた有力な品目について、順次地域農家に払い下げる形でプロジェクトを地域に広げていった。その際、モデル園の初期の管理をこれからの担い手として可能性のある農家に委託し、その後それらの農家を中心に払い下げられていった。今回調査した農家の多くはこの形でプロジェクトの担い手となっていった。張正義さんもその例である。

ブドウ、イチジク、茶の複合経営農家―張正義《ちょうせいぎ》さん（51歳）

本人、妻51歳、息子は無錫で働いている。張さんは若い頃は出稼ぎに出ていた。

１９９１年に鎮の茶園で働くようになった。１９９３年に傾斜地を開墾して10ムーの茶園を拓いた。１９９７年に趙亜夫さんの試験園の管理を頼まれた。１９９９年にブドウ園の管理を担当した。２００２年に生産農家として有機農業に参加した。

現在の経営は次のようである。ブドウ専作で、水田は合作社に渡した。１２００元／ムーだった。慣行田の場合は８００元／ムーが相場だが、それよりかなり高く引き受けてくれた。

ブドウ……15ムー

イチジク…25ムー（２０１５年からモデル園の払い下げ）

茶………10ムー

ブドウは巨峰を中心として4品種（夏黒、陽光薔薇、金指）としている。病虫害対策が問題だが、有機栽培に適合した散布薬剤は合作社からその都度届けられる。年に11～12回の散布となる。その他に香酢ミルク（ミルクは展着材）を5回ほど散布。これからは雨よけブドウに取り組みたいと考えている。

ブドウの売り上げは一昨年までは年に10万元くらい。昨年は5万元に落ちた。課題は販売開発である。

農業は自由でとても好きだ。昔から農業をやってきたから馴染みがある。

合作社では新しいモデル園を拓き、そこで茶を100ムー植栽した（実質は80ムー）。現在育成中で、5ムーくらいずつ農家が分担して管理している。2～3年で販売が始まる見通しである。茶の加工工場の建設も計画されている。茶の技術を学んだ若い村官（女性・大学院卒）も確保されている。

5　畜産（発酵床養豚・有畜複合農業）

戴庄村の有機農業は、現在のところ米と果樹が中心となっているが、ニワトリ、ガチョウ、アヒル、豚、山羊などが各所で自然な形で飼われているのも、日本との対比で印象的だった。それらの家畜、家禽は多くの場合、放飼で、人を怖がらず、気質も穏やかで、農耕ともよく馴染んでいるようだった。

こうした有畜の風景は、中国南部の農業、農村が有畜を当たり前とする伝統を有してきたということが前提となっている。消費者は放飼、在来品種などの家畜・家禽の食べものとしての価値をよく知っている。濃厚飼料に依存した密飼いの家畜・家禽は味が著しく劣ることもよく知っている。鶏や豚の生体取引が普通にされていることも日本とは事情がかなり違っている。こうした中で戴庄村有機農業においても、多くは付随的に、伝統的な技術をベースに飼育されており、その家畜・家禽はかなりの高価格でよく売れているという好ましい結果となっている。

今回の調査では専業畜産の発酵床養豚の藍さん、山羊と養鶏（採卵・肉鶏）の汪さんの話を聞いた。

発酵床養豚に取り組む農家―藍濤《らんとう》さん（60歳）

本人、妻46歳、子供3人、長男は学生。

田んぼ10ムー（有機米は8ムー）、飼料畑3ムー。

以前から養豚やガチョウ飼育をしていた。趙さんと出会って、その勧めで5年前にイノブタの発酵床養豚を始めた（写真1―11）。

藍さんの発酵床養豚は豚舎2棟。豚種はイノブタ系で、試験場経由で導入された。飼育も販売も順調で、豚舎の増築を計画しているが、資金不足のため進んでいない。雄も1頭いて自家繁殖。

発酵豚舎は、豚房におがくずを60㎝敷き込み、種堆肥を入れて、30㎝を適時撹拌する、などを基本としている。以来一度も糞出しをしていない。豚舎はきれいではなく、掃除もあまりやっていない。しかし、豚は健康で寄生虫などの問題もないようで、臭いはなく、蝿もほとんどいない。私たち外部の訪問者が豚舎に入っても豚はゆうゆうと眠っていて、騒がない。母豚も子豚も同じ豚房で。分娩房は独立させたいとは考えていて、建設中なのだが、手間もなく、資金不足で、工事は中断。何事も基本的には自家施工のようだった。

訪問時は、発酵床はやや水分過多で、良い状態ではないと言っていた。床の撹拌の手間が間に合わないとのこと。ちゃんと撹拌すればもっと良くなるとのこと。おそらくその通りだろうが、それでも臭いはなく蝿もいない。不思議なことだ。

餌は、イラクサのような刈草。それを豚房に山ほど投げ込むと、豚は草がなくなるまで夢中で食べ、食べ終わったらまたゆうゆうと眠る。

給餌は1日2回。草と濃厚飼料を交互に給与。草刈りが間に合わないので、二つの豚舎は朝に刈草給与の豚舎と、夕方

写真1−11
養豚農家　藍濤さん

に刈草給与の豚舎という形に分けて対応している。

　濃厚飼料は、トウモロコシ40％、ふすま10％、米ヌカ30％、大豆カス10％。トウモロコシを増やすと増体が進みすぎてよくない。飼育の後半には大豆カスを増やすようにしている。

　イノブタ系の現在の豚種は、増体は悪いが、肉質がすばらしい。70～120kgを仕上がりとしている。ヨークシャーは5～6カ月、一般飼育のイノブタ7～8カ月、藍さんの発酵床草飼育では14カ月かかる。しかし、何といっても肉質が良い（写真1－12）。

　販売は、基本的に豚舎での生体販売。肉の香りが良くて、肉が締まっていると評判で人気が高い。

　1頭（90kg）3000元（餌代1500元）、昨年は60頭販売で売り上げは18万元だった。生体での単価は28～30元／kg、屠畜肉の販売単価56元／kg。生体販売をして、藍さんが屠畜を頼まれた場合には屠畜料は50元／頭としている。

　豚肉を好む長江下流域らしい、実に自然なそして野性的な農家養豚の展開と感じられた。

写真1－12
発酵床でくつろぐ豚

村官でモデル園に就農し有畜複合農業に取り組む
―汪厚俊《おうこうしゅん》さん（26歳）

公務員の妻を持つ汪さんは、地元の天王鎮出身（写真1－13）。南京理工大を卒業後、就職先が見つからず地元の村官となった。その時点では趙さんのことは知らなかった。

村官としての仕事は戴庄村合作社農業担当で、新しいモデル園（戴庄村有機農業合作社示範農場）の果樹園管理を担当（200ムー、約13・34ha）。村官を続けながら、2013年に生産農家として150ムーのモデル園農地を請け負った。地代は800元／ムー。村官の給料は2000元／月である。

父母は天王鎮で店をやっていたが、それを閉めて、汪さんの農園に参加した。現在の労働力は本人、父母、雇用1名、計4名でやっている。

農地の多くはクルミや柿などの未成園で、収穫まではまだ年月がかかる。そこで当座のつなぎとして養鶏を始めた（4000羽）。

写真1－13
有畜複合　汪厚俊さん

青い卵の鶏を試験場から導入した。圃場放飼で果樹園の抑草、肥料効果も狙っている。この鶏は、産卵率は低く（70％）、身体も小さいが、自然な放飼鶏で卵色に特色があり、人気が高い。卵も生体もかなり高価で販売できる。ネット販売も順調に伸びている。

卵　直売1・5元／個、ネット販売3元／個（慣行卵0・8元／個）

生体　直売100元／羽、ネット販売168元／羽（慣行鶏25～30元／羽）

汪さんの農園で飼っている在来種の鶏卵は1元～1・5元／個。なので、青い卵はそれより高く売れる。

30ムーの畑では牧草を栽培している。そこに100頭の山羊を放飼。山羊の飼育は手間がかからない。山羊舎は高床として、竹の簀の子を敷いて、糞は下に落ちるようにした。棚下で黒豚を2

写真1－14　山羊と豚の立体飼育による堆肥製造

写真 1－15　発酵床による平飼養鶏

写真 1－16　育成中の柿畑
村内のいたる所で鶏が放し飼いされている

頭飼い、手間のかからない発酵堆肥づくりを狙っている。発酵床は1年間そのまま（写真1－14）。

6 新しいモデル園

200ムーの新しいモデル園の土地区分は「傾斜地」。柿園50ムー、山クルミ50ムー、お茶50ムー、放牧地2ha（イタリアンライグラス、ヘアリーベッチ）。鶏1000羽（卵1個1・5元、鶏は1羽100元。卵は南京で売れば1個2・5元）（写真1－15）、ガチョウ500羽（鎮江で有名なブランド店と契約して販売）塩漬け肉用、山羊・羊計70頭（正月なら1頭800元で売れる）。

家畜は全て放し飼い（写真1－16）。以前は、トウモロコシの餌を与えていたが、いまは、緑餌としてカラスエンドウとヘアリーベッチの中間の在来種、籾殻発酵黒香酢カスを与える。これらを食べると、配合飼料を食べなくなる。人工的なものよりこれらを好むとのことだった。山羊を食べる文化は、河南省からの移民が持ち込んだ食文化だとのことである。

第2章　地域農業としての戴庄村有機農業へ

中島紀一

本章では次章の農村調査報告へのつなぎとして、第1章の有機農業調査から提起された論点などについて論じることにしたい。

1　有機農業の技術的深化

第1章で紹介した戴庄村の有機農業は趙亜夫さんの適切な指導のもとにとても良い落ち着いた技術状況を作り出しているようだった。しかし、農家の取り組みの第1の動機が無理のない経済的成功という点におかれ、有機農業の技術的探究についての課題意識はあまり明確にはされてこなかった。そのためもあってか、現場では技術の行き詰まりや技術路線の揺らぎなども見られるようだった。そこで参考までに、日本での経験を踏まえて、有機農業の技術路線、技術展望について少し述べておきたい（中島紀一『有機農業の技術とは何か——土に学び、実践者とともに』農文協、２０１３年刊、参照）。

日本の有機農業は既に80年の歩みがあるが、それが大きな社会的運動として展開していくきっかけは１９６０年代の化学肥料、農薬などによる環境汚染、食品添加物などによる食品公害の広がりと深刻化にあった。１９６４年にレイチェル・カーソンの『沈黙の春』の邦訳が出版され、それに触発されたことも大きかった。そこでの認識の出発点は「ノンケミカル」という点にあった。しかし、「ノンケミカル」は一つの原点ではあったが、それだけでは新しい農業の構築にはならなかった。「ノンケミカル」を前提としてどのような技術的世界を拓いていくのか。それをどのような農法として編成していくのか。それがもう一つの課題であった。

日本の場合、その課題の追求には10年、20年の模索の過程が必要だった。土と向き合い、作物と向き合い、その土地の気候風土、伝統の農と食の文化の継承の中で、有機農業はノンケミカルだけの禁じ手の農業ではなく、落ち着いた底力のある豊かな農業として育ってきた。日本の私たちはそれを成熟期の有機農業と位置づけ、その経験を総括する中で、そこにはどのような技術論理が形成されているのかを探究、解明してきた。

現時点でのそのキーワードは「低投入、内部循環、自然共生」の三つだと整理されている。土への有機物還元の取り組みの中で、土に仕組みが作られ、種採りの継続の中で作物の中に自然に生きる力が甦り、外部からの投入をしなくても、農の内部の循環が豊かに展開し、自然の共生力が安定した農業生産力として発現してくるという農業の動的なあり方である。

その中で土は次第に、農耕にともなう消耗型のあり方から、耕作によって土がだんだん良くなり、自己増殖型のあり方に転換移行していく。すると、農業と自然との関係は次第に多面的な良い対応関係が作られ、多数の生き物の相互依存の関係が見えるようになり、結果として生物多様性が保全され

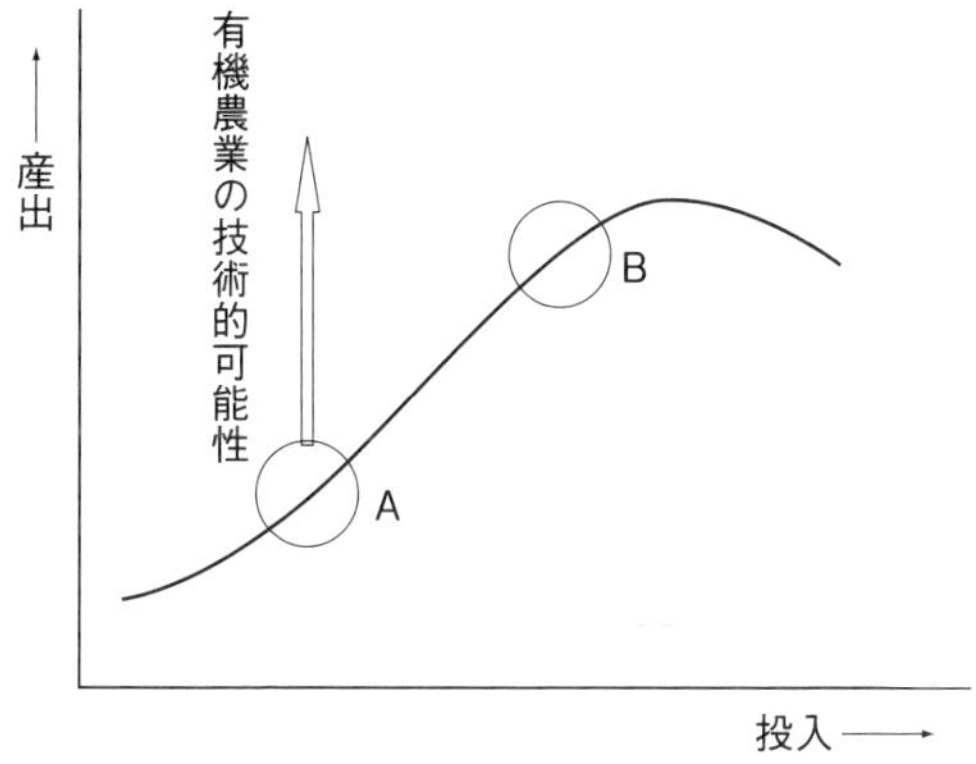

図２−１　有機農業は低投入の地点から
（中島、2007）
農業における投入・産出の一般モデル（収穫逓減の法則）と有機農業の技術的可能性

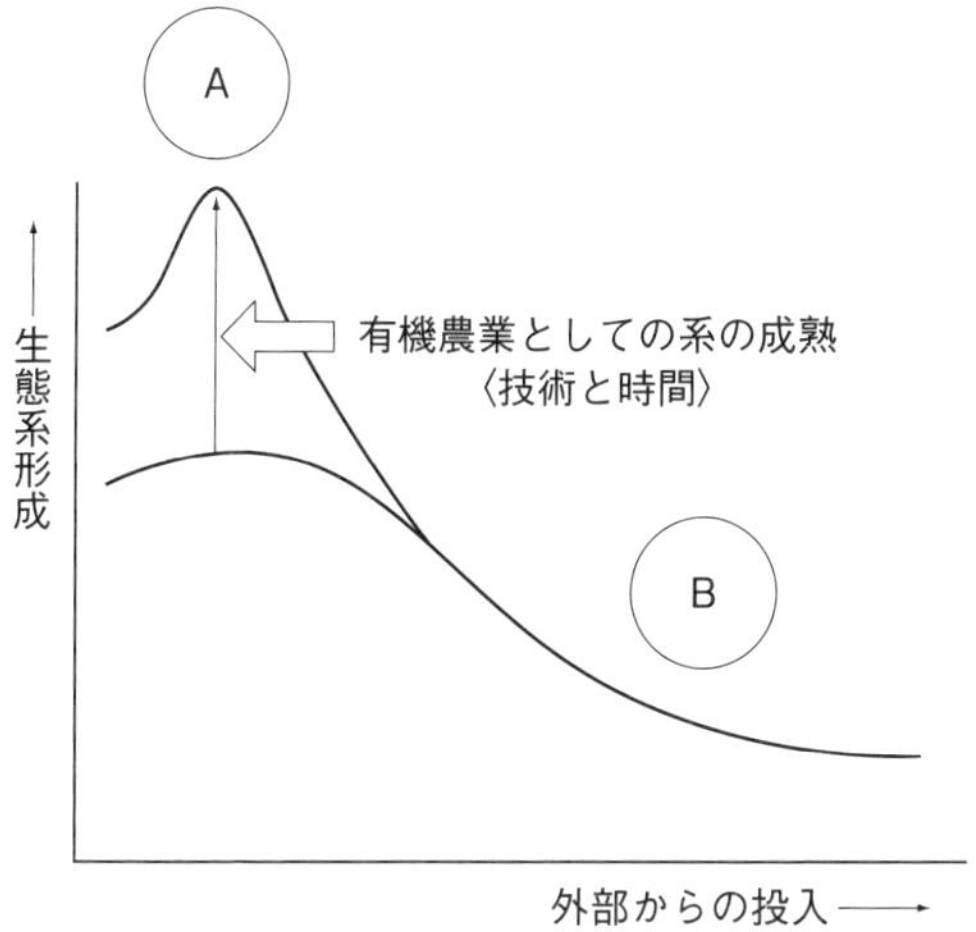

図２−２　有機農業は生態系形成に支えられて
（中島、2007）
農業における内部循環的生態系形成と外部からの資材投入の相互関係モデル

ていくというあり方である。

それをモデル図で示せば次のようになる（図2－1、図2－2、図2－3）。戴庄村の有機農業においても、たとえばこのような技術論や技術展望の深化がより意識的に模索、追求されていくことが必要ではないだろうか。

続いて戴庄村有機農業の次の展開領域と考えられる「生態農業」について少し述べてみたい。

2　「有機農業」から「生態農業」へ

中国では「有機農業」と併せて地域環境と自然循環を重視した「生態農業」の提案と実践が重ねられてきた。小さな堅実な有機農業の取り組みからスタートした戴庄村では、いま有機農業は全村的に広がり、個々の圃場、個々の農家

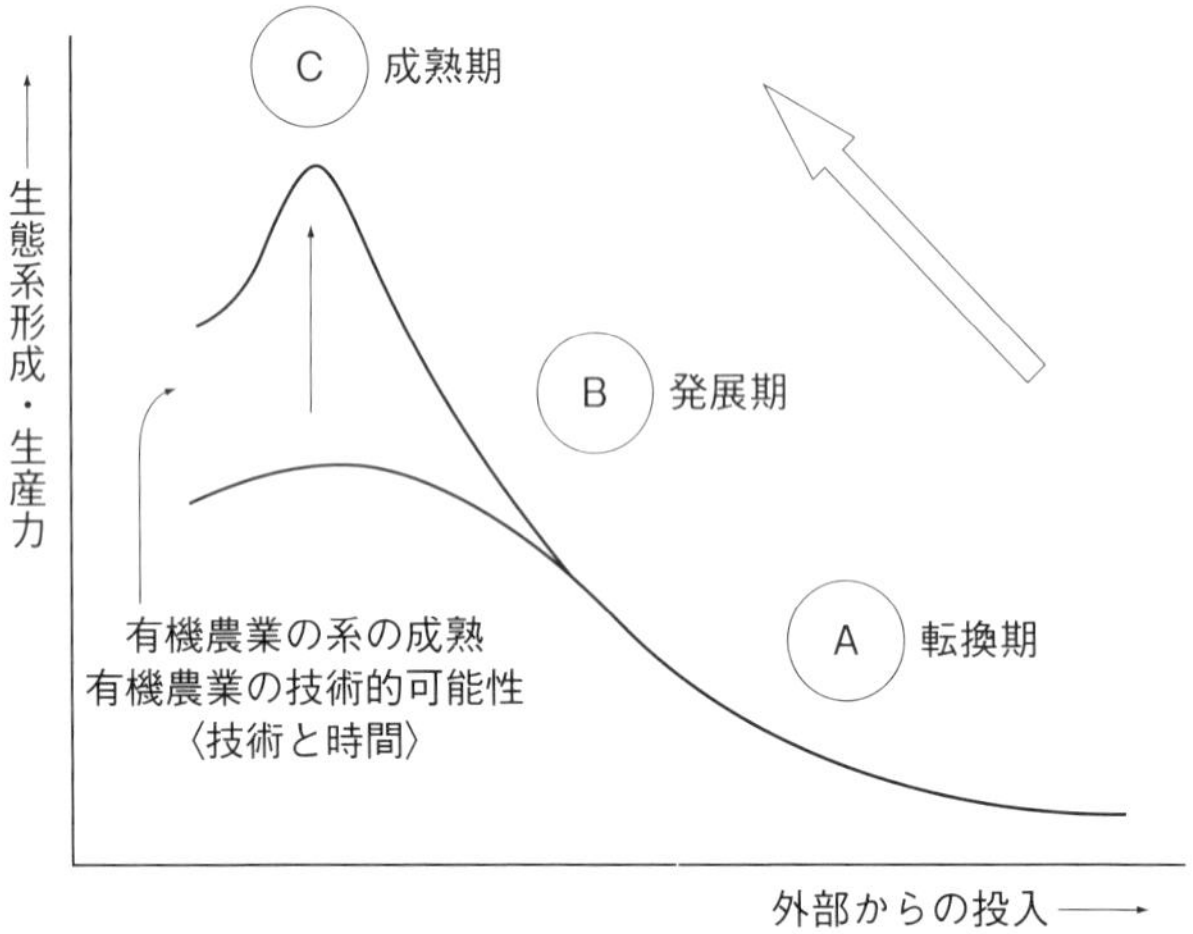

図2－3　有機農業展開の３段階　（中島、2009）

の取り組みを超えて、地域としての総合的設計が求められる段階に至っている。具体的な課題としても農業生産だけでなく、地元直売、農家レストラン、観光などの取り組みも開始されている。それは端的に言えば「有機農業の戴庄村」から「生態農業の戴庄村」への展開という方向だろう。

戴庄村は「遅れていた村」であるがゆえに、多くの未利用地、低利用地があり、それが有機農業による戴庄村モデルの拡大発展の条件となってきた。「生態農業の戴庄村」のためにはさらに新しい広域の土地開発も必要となるだろう。戴庄村の農地面積7300ムー（約489ha）、内訳は納税農地3400ムー（約228ha）、自留地600ムー（約40ha）、傾斜地3300ムー（約221ha）とされている。この「傾斜地」は実態としては未利用地、低利用地で、そこには環境視点の規制があり、その開発利用には行政の関与が必要だとされている。これから観光開発が基本戦略に位置づくようになれば、「傾斜地」の広域開発ということにもなるだろう。とすればそれに先立って生態学専門家などによる地域環境評価や自然保全に十分配慮した新しい段階での地域農業計画の慎重な検討も必要と思われる。

戴庄村は有利販売を掲げて多数の村民が参加する有機農業を広げてきた。そのこと自体は環境保全にも大いに寄与することだったが、地域の環境、生態系の総合評価は十分にはされておらず、地域計画の中に環境・生態系の視点は戦略化されていない。小規模な有機農業の個別的拡大だけならば大きな問題とはなりにくかっただろうが、広域開発が課題となるとすれば、生産視点からだけでなく、環境・生態系視点からの地域認識を深めていくことが喫緊の課題となっているように思われる。

3 「生態農業」概説

中国の「生態農業」は日本ではあまり知られていない。そこで、戴庄村報告という本書の課題から少しはみ出すが、中国の有機農業と生態農業については趙鉄偉《ちょうてつい》さんと姜麗花《じゃんれいか》さん、徐屹暉《じょきつき》さん、岩元泉さんらの詳しい研究が手元にあるのでそれらに基づいて少し概説しておきたい。

趙鉄偉『中国の大都市における「緑色食品」の需要動向に関する研究』２００５年、東京農工大学大学院連合農学研究科博士論文

姜麗花『中国における生態農業の展開過程に関する研究』２００７年、東京農工大学大学院連合農学研究科博士論文

徐屹暉・岩元泉「中国有機農業の発展と認証システムの構築」『鹿児島大学農学部学術報告』63号、２０１３年

まず有機農業だが、日本では有機農業はまずは農業論として内発的に提起されてきた。しかし、中国では優良食品の類型化と表示論としていわば上から提起されてきたという基本的な相違がある。

中国では食品安全についての特別政策の構築は１９８０年代末からで、農業部は１９８９年に「無公害食品」の生産を重点施策にするという方針を打ち出し、１９９０年に国営農場を対象とした「緑色食品認証基準」を制定し、１９９２年に農業部の一部門として「中国緑色食品発展センター」を設

置した。１９９５年にはそれまで「試行」とされていた「食品衛生法」が正式に制定施行された。

おおまかに言えば、「無公害食品」は中国国民向けの施策で、「緑色食品」は主として輸出対応の施策として構築された。「緑色食品」は農林部の国家認証食品とされ、「緑色Ａ級」と「緑色ＡＡ級」に区分され、「緑色Ａ級」はおおよそ日本の減農薬・減化学肥料栽培農産物（特別栽培農産物）に対応し、「緑色ＡＡ級」は有機農産物に対応するとされていた。

しかし、その後のグローバル・ハーモニゼーションの流れの中で、国際的には「緑色Ａ級」は意味のある表示としてはほとんど評価されず、有機農産物はコーデックス基準に一元化され、「緑色ＡＡ級」もそのままでは国際貿易の場では有機農産物としては認められなくなってしまった。

そのため中国農林部は２００２年にコーデックス準拠の認証機関として「中緑華夏有機食品認証センター」（ＣＯＦＣＣ）を設立した。以来、国際的には中国の認証有機農産物は「緑色ＡＡ」ではなくＣＯＦＣＣ認証の「有機農産物」として流通するようになった。そのため当初は輸出対応の政策として構築された「緑色食品」は事実上は中国国内向けの施策として機能しているようである。

また、中国には国際認知の別の有機農産物認証機関として、南京を拠点とした「南京国環有機製品認証中心」（ＯＦＤＣ）がある。これは１９９４年設立の機関で、当初から「国際有機農業運動連盟」（ＩＦＯＡＭ）などとの連携の下で国際基準に準拠した認証を主として輸出品対応として実施してきた。ＯＦＤＣは農林部ではなく国家環境保護総局の機関として位置づけられている。ＣＯＦＣＣとＯＦＤＣは同格並列の存在で、業務の連携はないようである。

さて、こうしたやや複雑な経緯を辿ってきた有機農業＝有機農産物施策とは別に中国では「生態農業」の政策構想は構築されてきた。「生態農業」は当初から地域農業構想として提起されてきた。最初の提起は葉謙吉《ようかねよし》の「生態農業——中国の緑色革命」という報告だったとされている（中国農業経済学会「農業の生態と経済問題に関する学術討論会」広西省銀川市）。葉は１９８８年に『生態農業——農業の未来』（重慶出版）を刊行している。

続いて卞有生《べんゆうせい》が１９８６年に『生態農業の基礎』（中国環境科学出版社）を刊行している。卞は北京市留民営《りゅうみんいん》村での生態農業の取り組みを支援し、生態農業の優れた実践事例を世に紹介した。

また、中国を代表する生態学者の馬世駿《ませいしゅん》も１９８７年に『中国の農業生態工程』を刊行し、生態農業に次のような定義を与えた。この定義はその後の各地での生態農業建設における指針とされてきた。

「中国生態農業とはその地に適した方法をとって、生物共生と物質再循環の原理及び近代的な科学技術を応用し、システム工学の方式を結び付けて設計する総合農業生産体系である。具体的に言えば、それは、近代的な科学技術と伝統的な農業を結び付け、十分に自然資源の優位を発揮し、「総体、調和、循環、再生」の要求によって、全面的に農業生産を組織し、エネルギーの利用と物質の循環再生を実現し、生態と経済の二つの良性循環と経済、生態、社会の三者の効果を統一的に達成しようとするものである」

さらに比較的最近の業績としては、先行研究を総括する形で厳力蛟《げんりきぶん》が２００３年に『中国生態農業』（気象出版社）を刊行している。

こうした中国の生態農業には北方モデルと南方モデルがあるとされ、北方モデルの代表としては卞が支援した北京市の留民営生態農場、南方モデルとしては浙江省の藤頭《とうとう》集団の生態農場が知られている。

姜麗花さんはそれらの実践と諸研究を踏まえて中国生態農業の特色を次の6点にまとめている。

①経済成長と環境保全を同時に追求する総合的生産システム
②経営内、地域内の資源循環を追求する
③計画的進行が必要でそこではシステム工学的計画手法が有効となる
④当初は農業経営構想として提起されるがしだいに地域社会、地域経済の計画論へと展開
⑤中国古代からの伝統的技術と近代的科学技術の結合を重視
⑥中国の内発的発展モデルとして位置づけられる

そしてその英訳は「Ecological Agriculture in China」ではなく「Chinese Ecological Agriculture」だとしている。

4　戴庄村生態農業への期待

説明が煩雑になってしまったが、戴庄村のこれからについての「有機農業」から「生態農業」へという展開は、中国独自の政策構想としての「生態農業」についての前述のような理解を踏まえていく

ことが必要だと思われる。

ただ筆者から見るとこうした中国の生態農業構想は、地域農業ビジョン論としてとても優れてはいるが、住民合意の丁寧な作り方、自然の反応、取り組みの実際などを踏まえた行きつ戻りつの見直しシステムを内包させた段階的計画推進論、経済成長優先へのしっかりとした規制などへの配慮が欠けているようにも思える。また、北京の留民営、浙江の藤頭、その他の各地の事例を見学した印象では、現状としてはそれらは地域的な企業集団的な取り組みであって、地域住民が主体となった地域協同の取り組みには至っていないようだった。「生態農業」構想には後の節で述べる自治的な「協」を重視した内発性の付加がぜひ必要だと思われる。

戴庄村の第2次モデル園は、2010年に村の中心地に、水田1000ムー（約67ha）、ハウス150ムー（約10ha）、茶150ムー、果樹200ムー（約13・4ha）でスタートしている。それはあたかも単なる観光農園のような様相と見えた。そこは「生態農業」についてのしっかりとした認識は感じられない。またそこには自然とともにある有機農業の理念、自給重視の有機農業の理念、多数の小農参加の有機農業理念などもほとんど感じられない。戴庄村生態農業が単なる観光農業への展開では困る。

中島のこうした懸念事項も踏まえて戴庄村生態農業構想のしっかりとした検討を期待したい。

中島による農業調査報告の終わりに、地域農業の構造論の視点から、戴庄村の優れた取り組みが現段階で提起しているいくつかの論点について述べて第3章へのつなぎとしたい。

5　担い手農家の構成

趙さんの戴庄村プロジェクトへの思いは、筆者らの受けとめとしては「先富論」を超えた「皆富論」的展開であり、多くの農家の参加が基本的な方向だった。当初は、真面目で勤勉な中高齢の小農家を誘ってのスタートだった。彼らの成功を見て多くの農家がこのプロジェクトに参加するようになったが、その中軸にはスタートの頃を担った「勤勉で生真面目な小農家」が位置づくことになった。

趙さんが最初に注目した「勤勉で生真面目な小農家」は別の言い方をすれば「家族農業」であり、「アジア的小農」である。趙さんのここでの戦略はアジア的小農主義だったのだ。しかし中国では小農主義の実現、その追求はとても難しいという現実がある。社会主義農業、人民公社は、小農主義の否定であり、それは現実には小農解体の強制的プロセスだった。人民公社、集団農業の失敗を経て、中国農業は生産請負制に移行し、その主な担い手は農業家族となったが、同時に「先富論」などが喧伝され、企業的経営展開がむしろ奨励されるという状況も続いている。生産請負制への移行は、本来なら小農制の再生、充実に向かうことが必要だったのに、それは意識的には追求されてこなかった。

加えて戴庄村の場合は、戦乱で地域が空になってしまったところに流民たちが住み着くという近代以降のいまの村の成り立ちも、小農体制の充実を難しくしているようなのだ。

戴庄村においてどういう農家が中心となり、どのような組織化を図っていくのかは、実態を通して自ずから紡がれていく内生的論理の中からというよりも、趙さんの直感的状況判断によるところが大きかったようだ。地域には当然、小農的とは言えない農家もある。そうした農家には経済力がある場合も少なくない。また、小規模な家族農業であっても勤勉とは言えない農家もいるだろう。みんなが参加し、みんなが動き出せば、趙さんの判断の枠組みをはみ出すこともあるだろうし、農家相互の関係もいつも穏やかにとはいかないこともあるだろう。

今後の地域農業の展開活力という視点からすれば、企業的指向のある農家も、新規参入の都市的センスの若者たちにも期待したいという気持ちも湧いてくるだろう。

短期的な判断と調整ということだけでなく、農民層のさまざまな動向を直視し、長期の視点からのしっかりとした方向性の確認と地域協同の形成に向けての粘り強い意志的取り組みが待たれていると思われる。

6　農業専業合作社と地域協同

戴庄村では有機農業の取り組みを企業論理ではなく、地域協働で進めるべく、組織としては専業合作社設立の道を選んだ。当初このプロジェクトは有機農業基軸で進められてきたので「有機農業専業合作社」という形となり、それが合理的だったということのようだった。しかし、趙さんの本当の狙いとしては、専業合作社ではなくむしろ日本の農協のような組織が望ましいと考えていたようなのだ。だが2006年の段階では、中国における国家的レベルでの制度的準備がそこまで進んでおらず、そのためとりあえずは「専業合作社」でということになったという事情もあった。

戴庄村有機農業専業合作社は順調な展開を果たし、事業は拡大し幅も広がった。しかし、それらを十分に担い得る地域組織が他にはないので、何から何までこの組織が担わざるを得ないという無理も出てきているようだ。そうしたことも、地域協同組織としての専業合作社の運営への構成員参加の実際を難しくしている面も少なくないようだ。

また、これは戴庄村だけのことではないが、中国では村の行政組織がきわめて貧弱だという問題もある。独自財政も弱く、人材も整っていない。たとえば今後の大構想としての自然観光事業は有機農業専業合作社が担うには幅も規模も大きすぎる。政策理念としては先に述べたように、有機農業というよりも生態農業として組み立てた方が適当だとも思われる。当然それらの推進は村行政が中軸になることが期待される事業だが、その体制は整えられていないように見えた。

こうした戴庄村プロジェクトに期待される方向性は、日本で1980年代頃に玉城哲さんや今村奈良臣さんらによって農村地域社会の重層的構造として論じられた「公・共（協）・私」の構造的連携という論点とも関わって示唆的である。

図式的な言い方だが、改革開放以前の中国の農村開発論では著しく「公」の役割が重視され、改革開放以降には逆に「私」の役割が特に重視されてきた。それぞれ意欲的な取り組み方針ではあったが、

「公」と「私」の対抗、交替の中で「共（協）」の独自の役割や意義がともすれば見失われがちのままとなってきた。玉城、今村らの「公・共（協）・私」論における「共（協）」とは、主として小農の連携に支えられた地域自治（ムラの自治）を意味していた。このような文脈の中で戴庄村プロジェクトを捉えてみると、中国農村開発論における「小農連携自治」（自然村の位置づけと重視も含めて）の再建、構築という大きな課題が次第に見えてくるようにも思われる。そこでは地域協同の充実と地方自治の制度的構築という課題もしっかりと見据えていくことが必要だろう。

7　三位一体化（専業合作社・行政組織・共産党の三者の強い地域的な協同）をめぐって

有機農業の地域的展開、皆富論的地域協同の追求などのためには、農家主体の確立が必要だが、特に中国の場合は、併せて、そうした取り組みへの共産党、政府の理解と賛同、そしてしっかりとした支援も不可欠である。独自性のある地域の取り組みが共産党サイドから不穏な動きと捉えられたら現実にはそれで終わりだろう。財政も制度も人事も掌握しているのは国家であり、共産党である。農業問題、広くは「三農問題」の解決には、「先富論」だけでなく「皆富論」的視点、地域協同重視の視点も必要だということを、各級の幹部と組織に、穏やかに手順よく知ってもらう努力が必要なのだろう。

そして、地元農家と共産党の協働の取り組みとして、村の行政組織の確立強化が図られなければならない。制度のないところに実態と力の備わった制度を作っていく。中国という共産党が独裁的な位置にある国で、地方自治的制度構築を含むこうした取り組みを進めることの独自の困難は目に見えている。しかし、その取り組みをしなければ、戴庄村プロジェクトは成就し得ないことも明らかである。時間がかかる難しい課題であり、さまざまな形での穏やかな試行錯誤も不可避だろう。しかし、少なくともこうした課題が抜き難いものとしてあることをしっかり認識していくことは必要だと思われる。

そこで問題として意識してほしいことは、戴庄村有機農業プロジェクトを、中山間貧困地域を救う高収益農業プロジェクトとして、儲かるならば文句はないという程度で、地域合意も不十分なままに進められてきたことについてである。おそらくここにこそ三位一体の推進合意の基本があったのだろう。

しかし、日本の常識からすれば、有機農業は、自然共生を求める自給を重視する農業のあり方であって、高収益性農業ではない。地球環境の危機の時代に、がむしゃらな経済成長路線から脱却しようとするのではなく、有機農業も経済成長＝高収益農業だとして理解されてしまうのには賛同できない。先に指摘した地域の組織づくりの曖昧さも、結局、儲かるならば文句はないだろうという程度の認識に起因しているのではないだろうか。「先富論」の大成長ではなく、「皆富論」の小康を求める。原点はそこにあったのではないのか。そのためには地域の信頼と協同の成熟が不可欠なのではないか。

時間がかかり、容易ではないだろうが、改めてこれらの点について落ち着いて考え直してみたらどうだろうか。調査を終えてそんな感想が浮かんでいる。

【附】趙亜夫という農業指導の偉人

不明の表明でしかないが、今回の調査で戴庄村を訪ねるまで趙亜夫さんのことは全く知らなかった。調査の初日に鎮江市科技協会の会議室で初めて趙さんとお会いしたが、その飾らない村夫子《そんぷうし》然とされたその風貌にまず惹かれた。そして戴庄村の取り組みについての控え目で、しかし、実に的確な説明に強く感銘した。現場を視察する前の何も知らない調査者からの的を得ない脈絡のない質問にも、質問者の意を汲んで丁寧に応答される落ち着いた態度と幅広い見識にこの方はただ者ではないという印象を強く受けた。

戴庄村について説明を聞き、現地を視察してみれば、このプロジェクトは多くのむら人たちの取り組みではあるが、その全ての基礎に趙亜夫さんの提唱と誘導、構想力と指導力、むらとむら人らへの趙亜夫さんの愛情があることは明らかだった。だから戴庄村の取り組みは趙亜夫さんの長く豊富な経験を踏まえた畢竟《ひっきょう》のプロジェクトなのだ。

そんな意味で今回の戴庄村の調査研究は、同時に趙亜夫さん研究でなければならない。まだ入口でしかないが、今回の調査から垣間見た「農の偉人　趙亜夫さん」の大まかな印象をとりあえずメモしておきたい。戴庄村のこれまでは、趙さんの驚くほどの的確な指導にほぼ全面的に依存してきた。しかし、今後のことを考えれば、当然のことだが、趙さんの引き続きの指導を期待しつつも、そこからの自立も意識的に追求していかなければならない。とすれば、趙さんのどこが優れているのかをよく認識し、それを一般的あり方として対象化していく作業は戴庄村現地においても不可欠な過程だと思われるのである。

①農村工作者としての趙亜夫さん

まず第一の印象は、農村工作者（農村オルグ）としての趙さんの実力とレベルの高さである。趙さんは現役を退いてから2001年に戴庄村に個人的ボランティアとして入ったとのことだ。現役時代には鎮江市では最高の農業技術者であり、農の分野では最高の政治的指導者でもあり、それにふさわしいポストで活躍された方のようだ。だから最初に戴庄村に入ったその時も「ただの人」ではなかったのだろうが、しかし、趙さんは戴庄村にそうした過去の権威を背負って入ったのではなく、控え目に個別の農家を訪ね歩くことから始められたとのことだった。また、戴庄村のむら人たちも、その道の権威者が訪ねてきたとしても、それだけで胸を開くような状況ではなかったのだろう。

趙さんの偉ぶらない控え目な、人なつっこい、そして確かな希望を伝えようとする態度が、さらに繰り返し訪ねてくる穏やかな熱心さが、むら人たちが心を開く最初の一歩を可能にしたということのようだ。趙さんは政治的権威も、大きな経済的利得誘導も、そして酒色とも無縁な、文字通り村夫子然とした態度でむら人たちと接した。そして小さな取り組みを一つずつ提案し、それに賛同したむら人とともに一歩ずつ取り組む中で、おそらくいろいろあったであろうさまざまな試行錯誤の中から何よりも趙さんへの信頼感が醸成されていったということのようだ。ここに趙さんの農村工作者としての驚くべきあり方が示されていたように思う。

②農村開発構想の柔軟さと的確さ

戴庄村はその後見事な成功を収めて現在に至ったようで、その間に大きな失敗や後退はなかったようだ。それは趙さんの構想の的確さと優れた指導力の賜であるには違いないだろうが、しかし、それは事前に詳細な計画が作成されていて、それを順次丁寧に遂行してきたということではないようなのだ。この点はこれから詳しくお聞きしていかなくてはならないことだが、どうも、趙さんの方法は、最初にリジッド（厳密）な構想や計画があって、それを実践に移すというあり方ではなく、大きな構想、将来への展望を持ちつつも、まずは最初に取り組むべき大きくはない無理のない課題を提起し、それに取り組む中で、次第に、次のステップが具体的に見えてきて、構想も広がっていくという、一歩一歩の過程に寄り添った構想提起に趙さんらしい特質があるように感じられた。

また、取り組みの方向軸に有機農業を定め、担い手群に貧しい小農を位置づけ、成果を農家の暮らしのゆとりづくり（小康の実現）におき、地域的な広がりを常に意識し、取り組みの展開のための組織的段取りも丁寧に準備する等々の、構想や指導の的確さにも驚かされた。これらは多くは趙さんの経験と見識とそして直感によるものだろう。

③農業技術者としての水準の高さ

趙さんは鎮江市の農業技術者として現場に適応した実践技術組み立てと普及に長い間尽力され、多くの成功例を作ってこられた。特徴としては、個別の技術アイディアへの着眼、収集、蓄積のセンスが抜群に優れている、現場についての状況判断が総合的で的確でそれぞれの場に適した多彩な技術提案ができる、現場では農家に提案の魅力と課題をきちんと伝え、農家の意欲を引き出すことに最大の配慮をする、提案して終わりではなく、実践過程のフォローもしっかりやって最終的には経営的成功にまで責任をもっていく、といった点にあるようだ。こうした趙さんの農業指導のあり方と成果が、最近、習近平国家主席から「農家にやってみせる、農家をつれて一緒にやる、農家の販売を手助けする、農家が豊かになるのを実現する」という取り組みとして高い評価を受けたとのことである。

趙さんの農業技術者としてのこうした優れた力は、彼自身の技術蓄積の豊富さと質の高さ（深さ）、技術を捉えていく鋭い勘、センス、総合的な構想力などに支えられているのだろうが、さらにその基礎には、農業、農民、農村への愛着、農が好きでたまらないという培われた思想と心があるように強く感じた。

趙さんが農業技術者としてのこうした力を蓄積していく上で、日本での研修、日本の技術者や農家との交流の役割はとても大きかったようだ。そしてそこでの中心的媒体として農文協の『現代農業』があったということのようだ。

おそらくそれは単に日本の技術、技術者、農民から多くを学んだということにとどまらず、日本も中国もモンスーンアジアの風土、歴史を共有し、互いに育んできた農の文化を共有しており、そんな東アジアという農の地域での相互交流の1コマと受け止めるべきことのように感じられた。

第3章　地域づくりのモデルとしての「戴庄村方式」

――その可能性と課題

楠本雅弘

1　江南稲作地帯の基礎行政村としての戴庄村

（1）中国の地方制度と統治組織

私たちが調査対象とした戴庄村は、江蘇省（省部は南京市）の鎮江市・句容市・天王鎮に属する基礎行政村である（3頁の地図参照）。このように書き始めると、日本の読者は、「市」の中に、また「市」が含まれることに、「えっ?」と、戸惑うであろう。

日本の地方自治体と同じ県・市・村という名称が用いられているのに、中国の地方制度や統治組織は日本とは大きく異なっているので、日本人にとっては理解しにくい。そこで論を進める前提として、中国の制度と組織について整理しておくことにしよう。

日本の地方行政組織が都道府県―市町村の2階層制であるのに対し、中国では省級―地級―県級―郷級の4階層制（憲法が定める地方行政機関はここまでだが、村段階まで数えると実質的には5階層制）である。中国政府が発表している各級の行政機関数を表3―1に掲げる。少数民族地区などでは歴史的伝統を踏まえた独特の名称も見られ、種々の名称があるようだ。そこで、より具体的に、今回調査対象とした江蘇省について、地方行政組織の構成を整理したのが図3―1である。

ここまでの説明で、最初の疑問に対する答えが見つかる。つまり、中国では「市」に三つの「級位区分」があるのだ。北京・天津・上海・重慶の4市は中央政府の「直轄市」とされ、「省と同格の行政組織」と位置づけられている（表3―1参照）。さらに、中国の市には「地級市」および「県級市」の級位区分があり、県級市（省によっては「県」と呼称するケースもある）は地級市の内部に含まれ、下位の行政組織になる（図3―1および表3―1参照）。

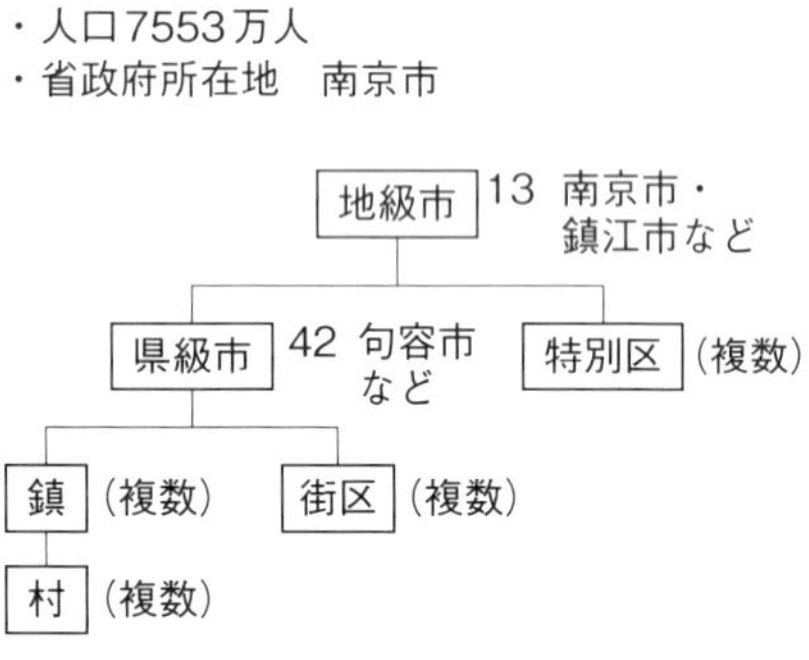

図3−1　江蘇省の地方行政組織図

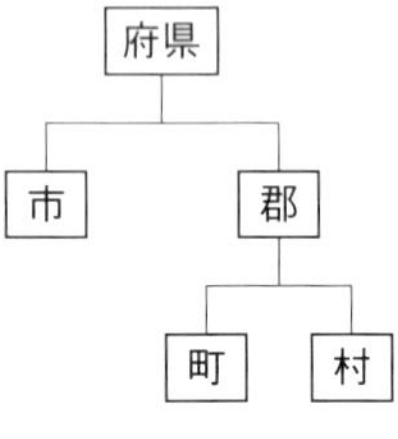

図3−2　1890〜1923年の日本の地方自治組織

市の中で、人口が集積した都市的地域には「特別区、街区」という行政組織がおかれ、県級市の農村地域は複数の村を束ねた「鎮」が組織される。鎮は、日本の「郡」を思い浮かべると理解しやすい。現在では県内部の町村をまとめる区割にすぎないが、過去の一時期（1890〜1923年）、市に対置された独立の地方自治体であった（図3－2、郡役所・郡長と職員・郡議会・予算を持って活動した）。鎮の政庁は、交通の要衝で地域住民の交流・交易に便利な場所に所在し、商店・病院・中学校・旅館なども立地している。

江蘇省の13の地級市の一つで今回の調査対象の鎮江市は、人口280万人、図3－3のような地域構成となっている。さらに、戴庄村が属する句容市は、鎮江市の中の三つの県級市の一つで、その内部構成は同じく図3－3に示してある。そして、句容市に属する天王鎮の概要は次の通り。

天王鎮（句容市に属する8鎮の一つ）——句容市の最南

表3－1　中華人民共和国地方行政機関統計表（2005年12月31日現在）

省級		地級		県級		郷級	
直轄市	4	地級市	283	市轄区	852	区公所	11
省	23	地区	17	県市	374	鎮	19,522
自治区	5	自治州	30	県	1,464	郷	14,677
特別行政区	2	盟	3	自治県	117	蘇木	181
				旗	49	民族郷	92
				自治旗	3	民族蘇木	1
				特区	2	街道	6,152
				林区	1		
合計	34	合計	333	合計	2,862	合計	40,636

資料：中国行政区画ネット（2006年7月3日公表）により作成。
注1）省級の特別行政区は香港と澳門（マカオ）である。
2）郷級の区公所は県の出先機関である。

端に位置する天王鎮は、唐の時代に歴史に登場する天王寺という古刹があったことが鎮名の由来となった（革命以前は「天王寺鎮」）。２万戸あまりで人口は５万人あまり。16の行政村と３８７の小組（集落）で構成されている。農地面積11・９万ムー（７９７３ha）、うち水田５・３万ムー（３５５０ha）である。

共産党が統治・指導する中国では、各級の地方統治組織に人民政府（行政組織）と党委員会が併置され、各級の党委員会のナンバー２にあたる副書記が行政組織の長を兼ねる。

各級の人民政府（行政組織）の職員は、省政府が人件費を負担する公務員であり、省内の各地を広域で異動する可能性がある。ある職務で業績をあげれば、より上級のポストに栄進するのが当然であろう。（日本の市町村の職員は、その市町村が雇用して人件費を負担し、その職員の人事権はその市町村長が有し、

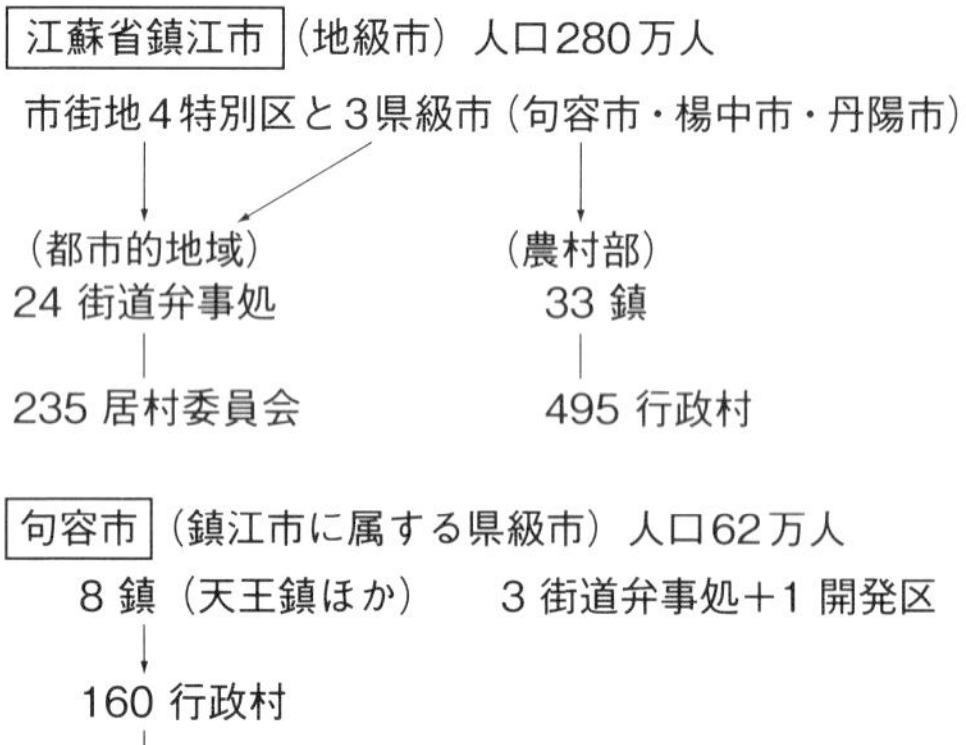

図３−３　鎮江市・句容市の地域構成

職員は生涯同じ市町村に在職するのが通例である）

（2）戴庄村の地理と歴史

①戴庄村の地理的位置

私たちが調査の対象とした戴庄村は、天王鎮を構成する16の村の一つで、2001年9月に戴庄・白沙・南庄の旧3村が合併して成立した新行政村である。

句容市では最南端の村で、九龍山（昔は瓦屋山と言った）の西北麓に位置する。鉄道はないが、国道104号線が通っていて、北隣がかつて鎮庁のあった中心街区の袁巷があり、また省都の南京市、鎮江市とは約80㎞以上離れて不便であったが、いまでは高速道の入口も近く、交通・生活の利便性に恵まれている。

②村の歴史と伝承

日本とは異なり、中国では大冊の町村史を編纂する伝統がないようで、詳細な『村史』は存在しない。そこで句容市人民政府のホームページから「天王鎮十六村志―戴庄」をダウンロードして、要約・紹介してみよう。

旧戴庄村は、かつて句容地域の有力宗族であった「南郷戴氏」の発祥地で、子孫は各地に広がって繁栄し、戴氏の「族譜」に記載された一族は3～4万人を数える。いまも各地に「戴」を含む地名が多数残っている。一族の中からは唐代の詩人戴叔倫《たいしゅくりん》など歴史上の人材を輩出している。
戴庄村は、この戴氏の名に因む地名であるが、しかし現在、戴姓の家族は一戸もない(注1)。

戴一族が掃討され荒廃した当地方は、政府の討伐軍の一部が「屯田兵」的に定住させられ、また豊かな土地を求めて主に河南省から移住してきた人たちの子孫が現住民の多くを占めていると言われる。

さて、戴庄と南庄の地名のいわれに関しては以下のようは興味深い伝承が残っている。それによると、大昔、この辺りは一面の海で、瓦屋山(現在の九龍山)が海上に浮かぶ船のように見えた。鉄拐《てっかい》李《り》(中国伝説中〝八仙〟の一人)という神仙が瓦屋山に漂着して住み着いた。親孝行の鉄拐李は、母に魚を食べさせたいと思い、釣竿がほしいと竹の神に祈願したところ、多くの竹が繁茂した。ある時台風が襲来し、多くの難破船が漂着したが、瓦屋山の竹につかまって命拾いした。その後、人々は桩《しょう》を植え、台風で海が荒れても、成長した桩に繋ぐことによって船の流出を防ぐことができるようになった。

長い時が経過して、このあたり一帯は陸地となり、多くの街や村が生まれた。かつて瓦屋山の周囲の船を繋いだ桩にちなんだ地名が伝えられた。その中に帯桩(帯は船を繋いだ綱)や南桩の地名があり、帯桩は戴桩と表記されるようになった。やがて桩の字が村を表わす「庄」の字に変わって今日に至ったとの伝承である。

白沙村についての伝承は、その昔、村の西北にある白砂山から良質の微細な白砂を産出していたことに因んで白砂村、転じて白沙村となったというものである。

20世紀の前半、この地方の民俗芸能として、花の絵模様を描いた小太鼓を打ち鳴らしながら唄い踊る「花鼓劇」が大流行したことがあった。名人が現われて各地を巡回公演し、娯楽が乏しかった農民たちを喜ばせた。戴庄村出身の名優、陳金山は1951年に「戴庄劇団」を組織して各地で喝采を浴びたという。

太平天国の乱に続いて戦禍の記録も残る。日中戦争の時期、白沙村から近い茅山《もうざん》には、共産党の八路軍と並ぶ主力部隊「新四軍」の根拠地があり、当時の国民党政権の首都で侵攻してきた日本軍に占拠された(注2)南京市に近かったことから、日本軍や汪精衛政権軍(蒋介石と袂を分かち日本と講和・協力した)に対して、ゲリラ戦法で激しく抵抗した。1943年5月に白沙村内で、新四軍の兵士など6人と抗日活動に参加していた国民党関係者2人が汪政権軍に捕えられ惨殺された。共産党政権になってから、この「革命に殉じた烈士」を顕彰追悼する公墓が白沙村内に建立され、毎年の清明節には党・政府と地元民による墓前祭が営まれているという。

自然に恵まれ緑豊かな戴庄村にも、戦乱と激動の歴史があることを、私たちは忘れてはならない。

(注1) 戴庄村に戴姓の者はいないというのは当時の強調された記述と考えられる。

その後の帰住者や新たな移住者の中には戴姓の家族は少なからず存在している。それには次のような理由がある。

清朝末の「太平天国の乱(注3)」では、戴一族の青壮年たちの多くが太平軍に参加して各地を転戦し、ある者は戦死、ある者は捕えられて刑死または遠くへ逃亡離散してしまった。乱の鎮圧後、清朝政府は報復のため当地方の戴姓を禁じ、改姓を強制した。その結果、現在では戴姓は一戸もないという。

（注2）1937年7月、日中間で全面戦争が始まると、華中戦線では激戦の末に11月下旬に上海を占領した日本軍は、さらに首都南京を目指して侵攻を続け、句容市が占拠されたのは12月5日午後1時と記録されている。さらに12月3日には天王寺、溧水《りっすい》が占拠されたが、この地域は南京防衛にあたる中国軍の前線部隊との間で激しい戦闘があった。首都南京が制圧されたのは12月13日の夕刻であった。

しかし蒋介石は「持久戦論」に基づいて重慶に首都を移して徹底抗戦を続け、戦争は泥沼化した。以後、1945年8月末まで7年あまりにわたり、江蘇省のこの地域は日本軍の占領下におかれた。

共産党の新四軍によるゲリラ作戦に悩まされた日本軍と汪精衛政権は、1941年7月から、ゲリラを掃討して治安を回復し、地域社会を安定するため「清郷工作」を展開した。当時の白沙村でのこの戦闘も、この「清郷工作」に関わるものであった。

（注3）太平天国の乱　広東省の客家（宋の時代に戦乱を避けて南方へ移住した人々の子孫で、独自の文化や生活習慣を固守したので移住先では差別を受けた）の農民の子として生まれた洪秀全（1814〜1864）を指導者とする宗教結社「上帝会」が、世直しを訴え「地上天国」の実現を目指した民衆運動（政府から見ると「叛乱」）。略奪・暴行を厳禁し、固い団結を保って民衆の支持を集め、燎原の火の勢いで膨張しながら進軍、1853年3月南京を占領して「天京」と改め、首都とした。江蘇・浙江両省を基盤に新国家建設を目指し、一時は北京攻略を目指す北伐軍も進発させたが敗退。内紛や指導者の戦死などで次第に弱

体化し、1864年洪秀全の死後間もなく鎮圧された。

（3）村びとの暮らし

①生活を支える社会基盤の整備は進んだ

村内の道路は、国道へつながる主要道だけでなく、集落内の生活道路まで舗装されている。電気・水道（句容市営）も各戸に普及しており、トイレも各戸浄化方式で水洗化されるなど、農村部の生活インフラは整備が進んで生活は大変便利になっている。

家庭用の熱源は、かつての薪炭からプロパンガスに切り替わって「燃料革命」も通過した（ガスボンベは隣接の袁巷の業者が供給）。固定式電話や通信回線は公署のみであるが、携帯電話はかなり普及している。

日本でも同じような経験をしたが、かつての「お金がかからなかった自給度の高い生活様式」から、「便利になったがお金がかかる生活様式」への転換が、中国ではものすごいスピードで進んでいる。

これから、家庭電化やモータリゼーション（自動車の普及）が進行するとみられるが、貧富の格差や世代間格差、社会的情報へのアクセス機会の格差が広がり、地域社会にさまざまな軋轢をもたらす可能性が大きくなると思われる。

モータリゼーションと言えば、最も普及しているのはバイクで、これにリヤカーを連結して荷物を運ぶ方式が工夫されている。かなりの農民はオート三輪を農産物や生産資材の運搬に使っている（写真3―1）。

のどかな田園風景には不似合いな高級乗用車が駐車しているのを、村内で数台見かけた。出稼ぎ収入で購入し、たまたま帰省していたのかもしれない。なにしろバイタリティあふれる中国のことだから、モータリゼーションは農村部でも加速するだろう（2017年現在、3分の1の家庭が自動車を持つ）。

車社会に対応していない狭い道路や駐車スペースの問題、公共交通を通り越した個別利用と交通弱者問題などが、純農村に一挙に押し寄せると思われる。今後の大きな課題である。

②医療と教育は最低限のサービスを保障

村役場の向かい側に「診療室」が設置されていて、医師と看護師が巡回診療に当たっている。また天王鎮に統合される前の旧鎮ごとに医師が常駐する「衛生院」が配置されているとのことで、その医師が管内各村の「診療室」を指導する。

天王鎮には句容市第3病院が開設されている（ほぼ人口

写真3―1
農村部で大活躍の
電動式オート三輪車

5万人ごとに配置されることになっているとのことで、日本の町村部の国保病院程度の規模と思われる)。医療サービスは無償ではなく、日本の国民健康保険と同じような医療保険制度があり、保険料を負担しなければならない。(注4)

義務教育については、小学校が旧鎮ごとに1校(計3校)、中学校は天王鎮内に2校開設されており、スクールバスによる送迎を行なっている。

校舎の建設と維持費・職員の人件費は全額公費負担だが、意外なことに教育費は無償ではない。聞き取り調査によると、中学生の場合、生徒1人につき教材費300元、給食費500元、送迎費500元、合計1300元(約2万2000円)を学期ごとに父兄が支払わなければならないので、かなり重い負担であろう。地方財政が脆弱なためである。

高校は地元になく、句容市内にアパートを借りなければ就学できない。後述するように、少数の富裕農家の中には、子供の教育のために句容市内に住宅を購入して後継者世代の家族を住まわせているケースも見られる。

それでも、内戦期間~社会主義建設期には教育サービスが不十分だっ

表3-2　戴庄村の農業就業者の学歴(2010年調査)

学歴	人数	構成比(%)
不就学	5	0.6
小学校	302	38.4
中学校	417	53.0
高校	57	7.2
それ以上	6	0.8
合計	787	100.0

資料:趙亜夫氏の調査により作成。
注1) 中退者が多いので、学歴は必ずしも卒業者を意味しない。
2) なお、この時点で農業就業者の55%が50歳以上、40歳代は36%で中国でも徐々に高齢化が進行している。

ために、表3－2に示すように戴庄村の住民の学歴は高くない。

趙亜夫さんが戴庄村の指導を始めた頃、識字率がきわめて低いことを痛感したと語っていることを思えば、ようやくにして義務教育が整備され、全員が公教育を受けられるようになったことは大きな進歩である。

③年中行事や民俗など

調査して、同じ東アジアの稲作農村なのに中国の農村社会が日本と大きく違っていることに気づいたことがある。地域差や民族による違いがあるのかもしれないが、大づかみに言えば、日本は地縁的社会（血縁関係の有無に関わらず、隣近所のお付き合いを基軸とする自治・協同関係で成り立っている）であるのに対し、中国農村は血縁社会である。

村の鎮守様やみんなが檀徒として維持している寺院もない。冠婚葬祭などの家族の重要イベントも隣近所は招かず、遠くからでも血縁関係が寄り集まるという。

年中行事で最も重要なのは「春節」（旧暦で祝うお正月）で、出稼ぎしている家族も全員顔を揃える。その次が日本の「お盆」にあたる先祖を祭る「清明節」である。この他、「端午節」や「中秋節」など伝統的な節句が暮らしの中に根付いているが、そうした中でも、なにか個人的な悩みや家族の困りごとがある場合は、血縁者に頼り、血縁関係の相互扶助によって解決しようとする傾向が強いという。

（注4）中国の医療・健康保険のしくみ

中国の病院・診療施設（中国語では医院・衛生院など）は原則として公設である。一部の大都市には外国企業との合弁や、富裕層や外国人向けの民営病院も開設されている。

日本の国民健康保険制度にあたる医療保険制度は、2000年代になってようやく整備された。都市部では労働者基本医療保険（1998年）と都市住民基本保険（2007年）、農村部の新型農村合作医療制度（2003年）の三つの公的医療保険制度で、現在では国民の95％が加入し、実質的な「国民皆保険体制（中国語では『全民医保』）」が整ったことになる。ただし、その内容はまだまだ改善の余地があり、社会保険による給付は不十分で、教育費と並んで医療費の重い負担が国民の生活を圧迫しているとして、不満が大きいようである。

新型農村合作医療制度について見ると、2003年に一部の県で試行が開始され、2009年には全国の農村戸籍人口の97％以上が加入するようになった。1人当たりの給付額も発足当初の年30元（財源は加入者負担10元＋中央政府10元＋地方政府10元）から順次増額され、2012年には年250元（加入者負担50元＋中央政府100元＋地方政府100元）へと改善された。しかし実態としては1回大病を患い入院すると、農村の平均年収の60％近い自己負担にもなるとされる。

なお、新型農村合作医療制度は「任意加入制」となっているため、低所得層で加入できない者、あるいは医療費負担による困窮者に対しては、公的扶助である「農村医療救助制度」が設けられている。

(4) 戴庄村の行政組織と村の運営

前にも述べたように、戴庄村は2001年9月に旧3村の合併によって成立した新しい行政村である。中央政府および省政府は、地方行政機関の財政基盤を強化し自立を促すために郷・鎮や村の合併を推進しており、天王鎮や本村の合併もこのような方針に則って行なわれた。江蘇省の場合は、鎮の人口規模は5万人、村は3000人がモデルとして示されているという。

合併当時の旧3村を「豊かさ」の尺度で測ると、戴庄・南庄・白沙の順で、白沙は1940年代には戦乱で荒廃して19戸にまで衰退していたのが1960〜1980年代に各地からの移住者が集まり、200戸前後になったという経緯がある。なお、合併当時の指導者によると、旧3村は水系が一体で水田がつながっていたことも合併が円滑に進んだ条件だったとのこと。調査時点における戴庄村の戸数は866、人口2879人で、建設用石材・砕石を製造する私企業が1社操業中であった。

戴庄村は15の自然村と22の村民小組から成り立っている。自然村は字義通り歴史的・社会的に人々が定住して形成された集落であるが、日本の自治・協同の基礎としての集落とは実態が異なり、現在の中国では自然村としての集落は村の運営においては実体としての意味を持たない(日本と中国の農村集落の特質については、第4章で詳しく述べる)。

これに対して、村民小組こそが村民自治および行政村運営の基礎になる組織である。村民小組は、人民公社時代の基礎的農民組織であった「生産隊」を改組・継承した組織で、いわば「行政が組織した住民組織」である。

戴庄村の場合も、22の村民小組の名称は「地名」ではなく「番号（第1小組～第22小組）」であることが、その性格を如実に表わしていると言えよう。

村民小組の村運営における位置づけと役割は次の通りである。

①農地所有の主体。中国の現行制度では、農地は「集団所有」（すなわち村民小組が所有者）で、その利用権（中国の制度では「請負権」）が労働力に応じて個別農家に分与されている形式である。ただし、その請負権は売買・貸借が認められている。

②共同管理している採薪用里山などがある場合は、その管理の主体。小組によっては管理作業を特定の農家に請負わせて、その収益はその農家に帰属させている例が多いようである。

③新型農村合作医療保険（前掲注4参照）の掛金の集金や給付事務の、実務上の管理単位。ただし、小組自らその作業にあたるのではない。

④以上は句容市内の行政村に共通であるが、戴庄村の村民小組の固有の役割として、有機農業の活動単位（班）がある。

なお、村民小組には日本の集落のような規約や組長・会計などの役は無いとのことで、日本の集落との違いを再認識した。

さて、省、市、県（県級市）、郷（鎮）までの地方人民政府は、中国の憲法では「地方的性格を持った国家行政機関」と位置づけられており、日本の「自治体（地方公共団体）」とは性格を異にする。

中国の「村」は自治体としての形式を整えており、その根拠となる法律は、1987年から試行され、1998年11月に公布施行された「村民委員会組織法」である。それによると、村の自治的運営は、「村民会議」・「村民代表会議」・「村民委員会」の3組織による。

「村民会議」は18歳以上の村民全員、あるいは各戸から1人が代表参加する。村民会議の開催は村民委員会が招集するか、10分の1以上の村民の提起による。村民会議は村民委員会委員を罷免する権利を有し、村民全体の利害に関わる重要問題は村民会議の議決を要する。

「村民委員会」は執行機関で、主任・副主任および委員は村民の直接選挙で選出され、任期は3年で再選も可能である。村民委員会は村民会議に対して業務の責任を負い、業務を報告しなければならない。

ただし、村民委員会の業務の監督は、村民会議ではなく実際には「村民代表会議」で行なう場合が多い。村民会議は村民全員の会議であるのに対して、村民代表会議は5～15戸から1人の代表を選ぶか、各村民小組から若干名を選んで構成する会議なので開催しやすく、実質的な議論が可能で、意見の集約が図りやすいからである。

村民委員会の任務は、表3－3の通りであり、必要に応じて人民調停・治安保衛・公共衛生などの委員会（小規模の村では委員会を設けず委員を置くことで可）を設置して業務を遂行する。

以上が、中国の農村自治の「制度」についての説明である。

では、実際にはどのように運営されているのか、戴庄村について具体的に見ることにしたい。

まず総論的に言えば、村民委員会・共産党村総支部・有機農業合作社の3組織が「三位一体」とな

表3-3　村民委員会の任務

①精神文明建設のための教育の推進 ②村の公共事務および公共事業の処理 ③村民の紛争の調停 ④基層人民政府（鎮）と協力して社会治安を維持し、公共衛生・ 　計画出産・生活扶助・青少年教育等の事業を実施 ⑤人民政府に村民の意見および要求を反映させ、建議を行なう

表3-4　句容市天王鎮戴庄村　2011年「党組織、村民委員会」幹部担当業務一覧表

姓名	役職	担当業務	担当エリア （村民小組別）
季家斌	村党総支部書記 村民委員会主任 合作社理事長	村全体の業務	戴庄村1～22組
熊進棟	村党総支部副書記	党関係、安全生産関係	白沙ブロック 5、6、7、8組
徐敏※	天王鎮共青団副書記 村党総支部副書記 合作社共青団書記	合作社運営 合作社関係事業申請	—
余善文	村党総支部委員 村民委員会委員 （村会計）	財務、統計 共青団、労災 村務公開	—
姚偉超※	村民委員会主任補佐	合作社販売業務 （文書保管管理）	—
閔大国	村民委員会委員 （民兵隊長）	民兵、農家住宅建設	頂沖ブロック 21、22組
桂栄	村党総支部委員 村民委員会委員 （婦人代表会主任）	計画出産 村食堂	白沙ブロック 1～4組
劉業祥	村党総支部委員 合作社副理事長	有機農業	南庄ブロック 9、10、11、16組
諸培才	村民委員会委員 （農業技術指導員）	治安、環境衛生	南庄ブロック 12、13、14、15組
魯士敏	仲裁委員会主任	民事仲裁 （青少年、高齢者）	戴庄ブロック 17、18、19、20組

資料：戴庄村公表資料。
注）姓名欄の※印は「大学生村官[注5]」である。

って運営されている。全体をまとめ、主導しているのは共産党村総支部である。２０１１年度の戴庄村村民委員会の構成を見ると、表３－４の通り、総員10名のうち６名が共産党の総支部の書記・副書記・委員で占められ、総支部のトップである書記が村民委員会主任・合作社理事長を兼ねていることからも共産党のリーダーシップがうかがえる。

中国の農村自治は、あくまでも共産党指導下で運営されているのである。

その共産党戴庄村総支部の組織体制であるが、旧村単位に各１、合作社、私企業の計５支部を組織し、党員は１１８名である。

さて、戴庄村の村民代表会議の構成メンバーは、その属性を整理してみると表３－５のようになる。この表から、共産党指導下での農村自治のしくみを知ることができる。つまり、共産党の組織がすみずみにまで根を張り、有能な人材を党組織がト

表３−５　戴庄村の村民代表の属性

人数	45 名（うち男性 43 名、女性 2 名）
選出方法	全員村民小組の推薦 1)
再任・新任別	再任 29 名、新任 16 名
年齢構成	30 歳代 3 名、40 歳代 10 名、50 歳代 23 名、60 歳代 8 名、70 歳代 1 名 （最年少 32 歳、最年長 72 歳）
学歴別	小卒 5 名、中卒 28 名、高卒 8 名、大学・短大卒 4 名
共産党員	30 名（構成比 3 分の 2）
学歴と年齢・役職との関連性	・大学・短大卒の 4 名（男性 34 歳、40 歳、50 歳、女性 32 歳）は全員党員で表 3 - 4 の役職に就任 ・高卒の 8 名は全員党員で、うち 2 名（男性 55 歳、女性 59 歳）は表 3 - 4 の役職に就任

資料：戴庄村「戴庄村第 9 回村民代表名簿」から筆者が作成した。
注 1）1 名推薦が 2 小組、3 名推薦・4 名推薦が各 1 小組、残りの 18 小組が各 2 名推薦である。

ータルに掌握することでそれを可能にしているのだ。

（注5）「大学生村官」。農村の人民政府（村民委員会）の実務処理能力の不足を補完・支援すること、および将来の政府や党のエリート官僚候補に若い時期に農村の実体を体験させることを目的に、大学卒業と同時に3年間村へ派遣する制度。村官経験は公務員試験の際に評価されるという。村官の人件費は省が負担する。村官として派遣された者の中には、公務員にならず、任地での仕事に価値を認めて定住する道を選択するケースもあるという。

農村では大学・短大卒の高学歴者はきわめて少数のエリートである。戴庄村の4人は全員党員でかつ村や党総支部の幹部である。村民小組の推薦によって選出される村民代表45名のうち、3分の2にあたる30名が党員である。

地域や組織の中で有能な人材だと思われる人材には、党総支部から声を掛けて推薦し「党員養成候補者」とし、その後の研修や活動実績が評価されると厳しい審査を経て「正式党員」と認められる。戴庄村総支部では、毎年2～3人ずつ正式党員を増やしてきたとのことである。

以上概観した戴庄村自治のしくみのもとで、どのような活動が行なわれているのだろうか。

村民委員会が公表している事業実施報告を原文に忠実な日本語訳で掲げた（表3－6）。これは、上級政府に対する総括的報告と思われるが、1の村庁舎の建設（写真3－2）、4の社会インフラ整備の

表３−６　天王鎮戴庄村　事業実施完成状況（村民委員会）

1．村の事務棟の新築

句容市党組織部の強力な支援の下、我々はあらゆる手を尽くして各方面から資金を集めて村の新しい事務棟を建設した。

2．党員教育の強化

上級党委員会の指示に従って、全村の党員を組織して様々な学習活動を実施し、その成果について江蘇省、鎮江市および句容市の各党委員会の検査を受けた。

3．新規加入党員の養成

厳な資格要件に基づいて新規加入党員の養成を強力に推進した。ここ3年間に加入に積極的な候補者を35名要請し、新規加入の党員が7名となった。新規加入党員のうち、所得向上力の強い中年・青年の村民が多くを占めている。現在、戴庄村党総支部は、108名の党員を擁している。

4．集落の整理整頓を積極的に推進し集落の美化に努める

我々は、ため池と水門を7カ所改修し、12カ所浚渫し、そして川を5,400m浚渫し、さらに太湖流域の水汚染源処理3期工事を完成した。

また、句容市水利局と農業局に協力して白沙ダムと竜海ダムの補強工事を完成した。

村内の道路整備については、セメント道路を11本新設し、延べ9.8kmである。そして砂利道路を15.2km整備した。村の緑化事業も実施した。

ごみ処理については、ごみ置き建物を3カ所、ごみ置き場を11カ所それぞれ整備し、11名のごみ処理係を配置した。

5．戴庄村の新しい成長の可能性を育むために、市場競争力の強い有機農産物を次から次へと売り出し、その規模も拡大して、農家所得をさらに向上させ、社会主義新農村を整備する

2009年に農家1人当たり平均所得が9,000元に達したが、これを基にして、2014年に1.3万〜1.4万元に達するように努力し、農業近代化を実現するための基礎を固める。

2011年8月9日

土木事業と並んで、2・3の党員拡大と党員教育が村の事業の柱に位置づけられているのが特徴であろう。

村民の暮らしに密着した分野の事業として、2011年に取り組んでいる具体的な内容を村当局の報告で見てみると、表3－7に掲げたように、日本の村役場の事業内容と近いものが多い。ただし、3・4・5・13など合作社の事業と考えられるものも一括されているのは、先述した「三位一体」の事業遂行ぶりがうかがえる。

筆者が強い関心を持っていた村の任務として、「計画出産」（いわゆる「一人っ子政策」）の地域における具体的な遂行体制について触れておきたい。前掲表3－4の村の幹部職員の担当業務の中で、「村党総支部委員兼村民委員会委員（婦人代表会主任）」の役職者の担当業務に「計画出産」が記載されている。

「計画出産」は村の自治に属する業務ではなく、国家の政策の遂行であり、村の任務は村民にどれだけ趣旨を徹底し目標を完遂するかである。

写真3－2
戴庄村の庁舎

表3−7　天王鎮戴庄村2011年村民のための実施事業（村民委員会）

1．集落整理事業における24戸の住宅の取り壊しと移転
2．村全域の上水道工事
3．2,800ムーの有機米の刈取りと搬入
4．レンゲを2,100ムー栽培
5．4万元を投資して4.2ムーの野菜団地を整備
6．4.5万元を投資して白沙において窒素とリンの流失を遮断する工事
7．廟沖と二里崗の両自然村を結ぶ1.6kmのセメント道路の基礎工事
8．国道104号と張家棚子自然村を結ぶセメント道路のセメント注入・敷設工事
9．白沙自然村の24戸の無料電話の申請手続き
10．村域全体をカバーする無線ラジオの整備
11．4.8kmの灌漑用電気ネットワークの改修工事
12．村の医務室を建設し使用開始
13．150ムーの多収ナタネ栽培事業の実施
14．農村合作（協同）医療保険、新型農村社会年金保険の保険料納入の全面的完了
15．満60歳以上の農村退役軍人数の調査と申告
16．満80歳以上の高齢者の生活助成金の申し込み
17．2011年の国家の米直接支払、農業資材総合補助および米、トウモロコシおよび綿花の優良品種助成金の業務の完了
18．省レベル有機農業産業団地のインフラ整備の始動

表3−8　戴庄村における計画出産の状況（2011年）

期別	産児数	内訳	
		1人目	2人目
第1陣	3	3	—
第2陣	4	3	1
第3陣	3	1	2
第4陣	3	1	2
計	13	8	5
母親の平均年齢		23歳	32歳

資料：戴庄村資料から筆者が作成した。
注）期別の「第1陣〜第4陣」という表記は原資料のままである。

村当局が公開しているデータを整理すると、表3－8に掲げたように2011年中に戴庄村では13人の子供が生まれている。戸数866戸の村にしては少ないと思うが、村の資料の第1陣から4陣までの各期の出生数が毎期3人程度の「計画」出産である。しかも1人目の出産が優先される（ほぼ3分の2）、そしてなるべく若い年齢での出産が奨励されているようで、初産の母親の年齢は判で押したように22～23歳である。第二子出産までに10年近く「順番待ち」している様子が、母親の第二子出産年齢からうかがえる。これほど「完璧な計画出産」は中国ならではと驚嘆する。

もう一つ筆者が強い関心を持って聞き取りを試みたのが、生活困窮者はどのくらい存在するか、またそれに対する社会保障給付（いわゆるセーフティーネット）の現状についてである。これこそが理想社会建設を標榜する共産党政権の農村政策の試金石だとかねて考えてきたからである。

微妙な問題だけに詳細を把握するのは容易ではないが、句容市が開示しているデータを整理すると、次のような状況が明らかになった（表3－9）。

戴庄村において2011年末現在、3種類の社会保障制度の支援対象となっている者は92世帯121人いるが、貧困対策である最低生活保障制度の対象者はこのうち31世帯の60人となっている。この制度で保障される最低生活水準の1人年間3000元（現在の為替レートで5万1000円）が、はたして十分な金額なのかどうかは判断できない。しかし、資料によれば2004年に7世帯、2005年に11世帯、2007年に2世帯、2008年に5世帯、2009年に3世帯、2010年に2世帯、2011年に1世帯と支給世帯が増えていることから考えて、対象となる世帯はまだ存在するのに、財源の制約から「順番待ち」状態なのではないかと推測される。重度障害者支援制度も同様なのではあるまいか。

２０００年代に入って整備されるようになった中国の社会保障制度は、地方農村の所得格差の拡大や高齢化のスピードに追いついていないように思われる。

２００１年の合併から15年、戴庄村の村づくりは基礎固めの段階を終えたところである。

沿海部の工業都市から離れ、村内にこれといった大企業もない丘陵地帯の純農村で、かつて鎮江市の最貧地区と評されていた戴庄村は、表３−６、表３−７に見るように道路・上水道・老朽住宅の改築を含む集落再編・農業用水施設・ごみ処理・医務室建築……矢継ぎ早に生活基盤の社会インフラの整備を進めてきた。

２０１１年にはその集大成となる村役場庁舎の新築も行なった。

このようなインフラ整備に要する膨大な資金のほとん

表３−９　戴庄村における社会保障制度による支援対象者の状況

（2011 年末現在）

制度別	支援対象者数
最低生活保障制度 1)	31 世帯 60 人 （うち 2011 年度新規認定 1 世帯）
重度障害者生活救済制度	14 人（男性 5 人、女性 9 人） （うち 2011 年度新規認定 3 人）
80 歳以上高齢者手当支給制度	47 人（男性 19 人、女性 28 人） （うち独居者 28 人）
3 制度による支給対象者計	92 世帯 121 人

資料：句容市が開示している資料から筆者が集計・作成した。

注 1）１人当たりの年間総収入が 3,000 元以下の世帯を対象に、3,000 元×世帯員数−世帯の実収入を年４回に分けて支給する。その財源は市と鎮が２分の１ずつ負担する。

どは上級政府の財政支出による、景気刺激策を兼ねた都市・農村の格差是正策が背景にあると考えられる。

これからの村づくり運動にとって大きな問題となってくるのが、村が独自の財源を持っていない点である。

村を運営するための財源は、人件費や特定の決められた支出にしか使えない（いわゆる「ひもつきの）上級政府からの補助金以外には、村有財産の貸付収入および土木事業を請負った業者からの一定率の上納金が自主財源で、きわめて限られている。

当面の戴庄村の運営を資金面で支えているのが後述する戴庄村有機農業合作社の積立金で、村財源の6〜7割を占めているという。本来なら村の事業として村の財源から支出すべき事業を、合作社の事業として合作社の会計から支出する方法である。「実質上、村民全戸が組合員となっているのだから、村民のために必要な事業であれば合作社の事業として実施しても問題ない、もちろん理事会の議決と適正な会計処理が前提だ」との説明を受けた。

村としての独自の財源がない現状では、当面やむを得ない事情ではあるものの、党総支部・村執行部・合作社理事会が人的にも一体であることを考えると、資金の混同・流用を招く可能性も否定できず、合作社の健全な持続運営上、問題があることを指摘しておかねばならない。次節で、どのように改めるべきかについて提案したい。

ともあれ、合作社ができたことで戴庄村に実体が備わり、行政村としての一体感が高まったという。

合作社の活動を通して「恵まれた自然環境を活かした農を基礎とする豊かな村づくり」を目指す戴庄村の今後の歩みを、期待しながら見守りたい。

2 社区型合作社による地域づくりを目指して

(1) 中国の合作社(協同組合)制度

戴庄村有機農業合作社について述べる前に、日本の読者のために、中国の協同組合である合作社制度の概要を説明しておくことにしたい。

中国では制度の改変が頻繁に行なわれているので、過去に遡ってその変遷を記述すると複雑になって、かえって理解しづらい。そこで改革開放体制になってからの現状を中心に説明しよう。大別して三つの制度とそれに基づく組織がある。

①供銷合作社制度

新中国成立当時から続いている組織で、全中国段階の連合会である全中華供銷合作総社(日本の全中・全農を統合したような組織)─省段階の32の総社─市級の335の合作社─県級の2404の連社─郷・鎮段階の2万9016の基層社の5段階の系統組織網を形成する巨大組織である。

この他に、日本の全農や経済連と同じように、各段階の組織が出資した企業や団体が4万弱もあり、これらを含めた供銷合作社系統全体では従業員340万人、総売上高が4兆7761億元（約81兆円）にも達する（データは2016年）。

ただし、協同組合の原則である「出資し・利用し・運営に参画する」という視点に照らした場合には、多くの問題点や課題があることが中国の研究者の間でも提起されているようである。

②農民専業合作社

2006年に制定された農民専業合作社法に基づいて設立された新しい組織である。日本などの「専門農協」をモデルにしたともいわれるこの組織は、国や各級政府による設立奨励・資金助成などもあって急速に設立が進んだ。2015年末現在、全国の設立登記済みの農民専業合作社数は153万社に達している。

「専業」の趣旨は、「同種の農産品の生産者、または同種の農業生産経営サービスの提供者と利用者」の経済活動組織であるとの法の規程によって、耕種・養殖（畜産・水産）・農業技術情報サービス……など同種の事業別の協同経済活動を行なう組織である。

前述したように、短期間で急速な勢いで多数の組織が設立されたが、その事業や活動の実態は、はたして如何であろうか。中国国内の研究者やわが国の研究者たちによる実態調査報告やそれに基づく論文から、中国の農民専業合作社が多くの問題を抱えており、解決すべき課題があることを知ることができる。

驚くべきことに、設立登記されたまま活動していない合作社が少なくないという指摘がある。法律が施行されて6年目になる2012年の調査報告では、3分の1くらいの組織が登記したままで、活動していない地区があちこちに存在する。その理由としては、中央政府の設立促進の指令を受けた地方政府の幹部が「実績づくり、点数稼ぎ」のために組織づくりを急がせたことも背景になっているとの指摘がある。

また、設立の要件が「5人以上の構成員」とされていることから、補助金を目当てに友人や親戚から名前だけ借りて、実態は合作社ではなくて個人経営という事例も相当数に上るのではないかと指摘されている。

これらは、合作社を指導・監督する制度や部署が整備されていないこと、外部からの監査制度や罰則規定がないことなど、法規としての不完全性などが背景にあると考えられる。

また、組織の設立・普及が優先され、地方政府の職員や農民たちが協同組合の理念やしくみ、運営方法について学習し、理解するための啓蒙・普及活動が不十分だったのではないだろうか。

ここで、前に述べた供銷合作社と専業合作社との関係を見ると、郷・鎮段階の基層供銷社が主導・出資して設立した専業合作社が16万9000社（登記済みの専業合作社全体の11％）にも達している。

このような組織では、基層供銷社の経営管理者がいくつもの専業合作社の運営を1人で切り盛りしているのが実態で（中国では「双肩桃」＝両肩に荷物を担いでいると批判的に表現）、専業合作社が実質的に供銷合作社の下部・下請組織になっており、構成員の主体性や利益が守られていないのではないかとの指摘もある。

あるいはまた、農業資材供給企業とその取引農家、農産物加工企業と取引生産農家等々本来「利益相反関係」にある当事者が、しかも優越的経済力を持つ企業が主導して合作社を設立している例も数多く見られる。

これらは、小生産者・事業者が結束・協同することにより共同の利益の増進を図るという協同組合の原理・原則に合致していないのではないだろうか。

現行の合作社法では、信用事業は除外されている。ところが、現在の中国において農業・農村の振興で大きな問題なのが「資金不足」なのである。この課題に対処するために、一部の省において地方政府による合作社条例を制定して試行的に信用事業兼営を認める動きが広がりつつある。

また一定の要件を備えた合作社を「農業融資モデル合作社」に指定して、国有中国農業銀行の農業融資の申込窓口業務（取次業務）と組合員の借入れの債務保証業務を認める制度が始まっている。

さらに現行合作社法に規定がない「連合社（連合会）」の必要性についても多くの議論がある。その場合、異なる業種の基層合作社による連合社の設立が望ましいという意見も出されている。

また、現行法では同一業種の組合員による合作社の設立しか認められていないが、農村地域の活性化のために、新たに「総合的合作社」（日本の総合農協にあたる）の法制化が不可欠だとの提言も出されている。

このような状況を踏まえて、中央政府や関係機関で専業合作社法の改正をめぐる検討が本格化している。直接の契機となったのは、２０１４年秋の全国人民代表大会（「全人代」：日本の国会にあたる）に、この分野の専門研究者を中心とする議員30人が連名で現行の農民専業合作社法の全面改正を求める提案をしたことである。（農民専業合作社法の改正は、２０１７年12月27日の全人代常務委員会で可決・成立し、２０１８年7月1日から施行された。その概要は第4章の６（１８４頁）として紹介する。）

③農村信用社（農村信用合作社）

農村信用社は１９４０年代から共産党の支配地域において、地主・高利貸の支配を打倒し農民の自立を目指すことを目的に組織されるようになり、政権による支援を受けて全国的に広がり、１９５５年末には15万社、加入農家は９０００万戸を超えるまでになった。

しかし、その後の中国の政治・経済政策の大きな変動にともない、人民公社に統合されたり、国有中国農業銀行の末端組織に組み込まれたり、１９９６年には農業銀行から分離されて、中国人民銀行の管轄のもとで再び協同組合的農業金融組織へ復帰を図るなど、大きく揺れ動くこととなった。

根拠となる法規は、１９５７年1月に公布された「農村信用合作社示範章程草案」が最初で、文化大革命の混乱など、幾多の改変を経た１９９７年9月、現行の「農村信用合作社管理規程」が公布されている。

このような波乱の経過を辿った農村信用社であるが、この先さらに大きな困難に直面することになる。

文革期の混乱により経営管理体制が弱体化して貸出審査能力の不備による放漫経営体質であったところへ、地方政府の資金不足を補完する役割を担わされた形で、もともとリスクが高い農村企業や農家への資金供給を行なわざるを得ないような農村振興策が続いた。

その結果は「不良債権の山」を築くことになり、農村信用社の経営悪化に直結した。2002年版の『中国金融年鑑』によれば、2001年末における農村信用社の不良債権は総貸出額の40％にも達し、全国の農村信用社の半数が赤字で、その多くが債務超過状態に陥っていた。これに対し、監督にあたる中国人民銀行が対策に乗り出し、不振信用社の清算・統合を推進し、資本増強を実施した。

全国の農村信用社の組織数はピーク時である1984年には42万社を数えたが、その後統合廃止が進んで1995年に4万7302社、2002年末には3万5622社にまで減少していた。

中央政府と人民銀行はさらに抜本的な対策を講ずるため、江蘇省での試行を踏まえて、2003年に農村信用社を農村商業銀行および農村合作社銀行へと組織再編させることになった。これまでの経過からも分かるように、農村信用社は、建て前は「協同組織」であるのに、実質は地方政府による「官営地域金融機関」として運営され、責任体制・内部統制が機能しなくなっていたのが最大の問題点だった。

2003年度に打ち出された農村信用社改革の政府のねらいは、「農村信用社を農民と農村商工業者および各種経済組織が出資し、農業と農村経済の発展のためにサービスを提供する地域密着型の地方金融機関に育て上げ、農村信用社を農村金融の担い手としての役割と農民と結びついた金融の要としての役割を発揮させる」（中国国務院系シンクタンク幹部の論文）ことにあった。また農村信用社の管理監督指導は省政府が行なうこととされた。

農村商業銀行は株式会社で上場可能であり、農村信用社では禁じられていた地域外での営業や地域外からの出資の受け入れも認められる。

一方、農村合作社銀行は、資本規模や財務の条件が農村商業銀行へ転換する基準を満たしていない農村信用社を対象とした制度で、協同組合と株式会社の性格を併せ持つ組織である。しかし、２０１１年になって制度に不備があるとして、以後の農村合作社銀行への転換を停止し、既設の合作銀行も条件を整備して商業銀行へ改組させるとの方針が打ち出された。

これらの改革の進行によって、多数の農村信用社が省政府や金融監督当局の指導を受けて農村商業銀行および農村合作銀行へと転換し、農村信用社は激減した。２０１６年末時点で、北京・上海・天津・重慶の四つの直轄市と安徽・江蘇・湖北・山東・江西の5省では農村信用社は存在しなくなった。

農村信用社の再編による農村商業銀行・農村合作社銀行への転換の進行状況を表3－10にまとめた。明らかなように、長い歴史と変遷を繰り返しながら農村金融の主力としての役割を担ってきた農村信用社は、既にその

表3－10　農村信用社の組織再編の進行状況　（単位：法人）

	2006年末	2008	2010	2012	2014	2016
農村商業銀行	13	22	85	337	665	1,114
農村合作社銀行	80	163	216	147	89	40
農村信用社	19,348	4,965	2,646	1,927	1,596	1,054
合計	19,441	5,150	2,947	2,411	2,350	2,208

資料：『中国銀行業監督管理委員会年報』各年版ほか。

役割を終えたのである。

その結果、転換によって設立された農村商業銀行は、収益性の向上を目指して不動産・電機・公共投資・都市住民の消費者金融や住宅ローン融資に資金を振り向け、農村部から資金を引き揚げる傾向が強まっているとの指摘がある。いわゆる「三農問題」を解決するための資金供給の中核の役割を担う地域密着型の金融組織化を目指した政府当局の意図に反する方向、すなわち経営の論理・資本の論理に照らせば、改編された商業銀行が「脱農業・農村、向都市」の道を歩むのは、むしろ当然の帰結だと考えられる。

現在の中国の農村に必要とされるのは、地域の住民が中心になって、参加し、利用し、運営に参画する協同組合金融組織の再構築だと思う。その一つのモデルとして、日本の1960年代の農協・信用組合などの協同組織のあり方が参考になるかもしれない。

現在検討が進んでいるといわれる、中国の新しい合作社制度において、どのような形で実現することになるのか、期待しつつ見守っていきたい。

(2) 戴庄村有機農業合作社の設立

特に第1章、第2章で詳しく紹介した、趙亜夫さんの指導する有機農業が軌道に乗り出したタイミングで、この有機農業をさらに普及し深めることを通じて、「みんなが幸せになる村づくり運動」を永続するための実践活動の拠りどころとなる組織体制の構築が求められるようになった。こうして、提唱者の趙亜夫さんはじめ、支援にあたった鎮江市の農業科学研究所（以下、農科所）指導員（日本の農業改良普及指導員）・村の党組織と村民委員会の幹部（前述したようにこの両組織のメンバーの多くは重複している）・有機農業の中心的実践者たちによる何回かの検討会や説明会を経て、２００６年2月、戴庄村有機農業合作社が設立された。

設立時の農家組合員は１５２戸で、当時の村の農家総数８５８戸の17・７％に相当する。加入資格は、耕作している農地で（全部または一部でも）有機農業に取り組んでいて、今後も有機農業を続ける意志があり、合作社の趣旨に賛同しその定款および規定の遵守を誓約する者である。

戴庄村有機農業合作社は、前に述べた、中国の協同組合法である農民専業合作社法に基づく合作社として設立された。耕種農業・果樹・畜産・施設園芸……など同種の農業を営む農家が組合員となって設立するのが中国の「専業」合作社（日本の専門農協）の趣旨である。

これに対して趙亜夫さんは、一部の者だけが組合員になって豊かになるのではなく、戴庄村の全農家が組合員になって地域全体が幸せになることが理想であり、さまざまな業種の農家が、専業・兼業の別なく地域ぐるみに参加する日本の総合農協型のほうが村づくりの中核になる組織として望ましいと考えていた。趙亜夫さんは、何度も日本の農村を訪ね、安城市農協（現在は合併してJAあいち中央）・上伊那農協・甘楽富岡農協・富里市農協など、農協が農業と地域振興の中核になっていることを深く学んできたので、戴庄村でもぜひそのような組織を作りたいと構想していた。

当時の中国には日本の総合農協（中国式に表現すると「社区型」合作社）のような合作社を作る法規

はなかったので、趙亜夫さんが考えたのが、戴庄村で村を挙げて有機農業を普及すれば、耕種・果樹・畜産・施設園芸といった作目別の専門ではなくて「有機農業」という同じ業種の組合員が組織する専業合作社を現行法規に基づいて設立できるという方策であった。省・市の当局にも認められ、村ぐるみで全農家が参加する「社区型」の専業合作社が誕生したのである。後に「戴庄村方式」として全中国に知られるようになる。

組合員が拠出する出資金については、合作社の運営資金を確保することよりも、1人でも多くの農家、最終的には戴庄村の全農家が参加してくれるようにハードルを低くして、むしろ自分の意志で組合員になるのだという「参加意志の確認」の証としての意義を優先したという。

その結果、組合員1戸当たりの出資額は、その耕作する農地1ムー（6・67a）当たり300元と決まった。しかも、3年分割で払い込むという参加しやすい条件。設立時の152戸の組合員の農地面積は400ムーだったので、設立時に払い込まれた出資金はわずかに4万元（当時の為替レートで56万円）にすぎなかった（3年分割で合計12万元＝168万円）。

設立初年度に合作社が手元資金として確保していたのは、この出資金の他に、省からの助成が200万元、句容市からの補助金が200万元（中国農業銀行からの借入金の利子補給に充てるため）の計400万元（約5600万円）で、まさに補助金頼みの出発であった。

設立総会で承認された、理事・監事などの役員および運営体制は次の通りであった（表3－11参照）。

今回の調査で現地を訪ねるにあたり、中国側の案内者や当事者たちから「戴庄村は、党の総支部・

村（村民委員会）・合作社が三位一体で運営している」と、何度も聞かされてきた。役員構成もまさにその通りだと確認できる。いや、設立総会の時点では合作社はまだ実体がないわけだから、趙亜夫さんの指導のもとに、党総支部と村当局が主導した形である。そのことは理事・監事の構成にも表われており、理事10名中農家は5名、監事3名中農家は2名である。

農家代表の理事の位置づけは、村の五つのブロック（前述したように旧3村をそれぞれ二つのブロックに区域分けして6ブロック制であるが、そのうち1ブロック

表3−11　戴庄村有機農業合作社設立時の役員構成（2006年2月）

顧問　趙亜夫
理事会メンバー　10名

理事長
　李家斌（村党総支部書記、村民委員会主任、戴庄ブロック第20村民小組）

副理事長
　刘伟忠（鎮江農科所駐村指導者）
　刘业翔（村党総支部委員、南庄ブロック第16村民小組）
　魯学謙（村民委員会主任補佐、村官）

理事
　熊進棟（村党委員会副書記、白沙ブロック第6村民小組）
　杜中志（白沙ブロック、第1村民小組）
　黄祥栄（南庄ブロック、第10村民小組）
　余鎖根（労働模範、戴庄ブロック）
　金国慶（南庄ブロック）
　畢慶安（南庄ブロック）

監事会メンバー　3名
監事会主任
　余善文（村民総支部委員、村民委員会経理担当、戴庄ブロック第20村民小組）
監事　経理に詳しい農家代表
監事　経理に詳しい農家代表

は水田が少ない苗木生産地域なので、当面は農家代表は委嘱しない）の有機農業の作業班長として、ブロック単位で行なう生産工程管理の責任を負う。

つまり、戴庄村合作社の運営企画や経営管理の責任と実務は党総支部と村民委員会の幹部が兼務して担い、有機農業の生産管理はブロック単位で農民リーダーが担うという、実際的であり合理的な形でスタートしたと言えよう。

なお、5名の農民代表理事のうち1名は、合作社全体の作業リーダー主任として専従する体制になっている。

設立後実質的に10年が経過した現時点における最新の役員構成を表3－12に掲げ、表3－11と対比することを通して、戴庄村合作社の変化・前進の兆しを探ってみよう。

まず気づいたことは、運営の中心メンバーがけっこう異動していることである。顧問の趙亜夫さんを含めて16名の現役員のうち、10年前と変わっていないのは趙さんを含めて3名のみで、残りの13名は新任者である。

党の村総支部や村民委員会の幹部として、いわば「事実上の充て職」的に合作社の役員に就任している人は、所属組織の人事異動があれば連動して合作社の職務も交代することが主な理由であろう。

設立後いまだ日の浅い戴庄村合作社にとっては、半ば定期的に役員兼職員が交代してしまうのは「理念や実務に詳しいリーダーが育たない」というマイナス要素ではある。しかし「禍福は糾える縄の如し」との大局的視点に立てば、合作社の運営を体験した若い人材が市内や省内を異動することを通して、合作社の考え方が少しずつ広まっていき、10年、20年、30年後には戴庄村方式の社区型合作社運動が定着することができる「人材養成効果」が期待できよう。

より具体的に、「二つの可能性」に着目している。

その1は、設立以来10年間、合作社の理事を継続することで実務に詳しい人材が2人育っていることである。他のメンバーが頻繁に異動することは、相対的にこの2人の発言力が高まることになり、日本の農協の

表3−12　戴庄村有機農業合作社の役員構成（2017年4月末現在）

顧問　趙亜夫
理事会メンバー　12名

理事長
　姚偉超（村党委員会書記、村官）

副理事長
　余善文（村民委員会主任、村党委員会副書記、戴庄ブロック第20村民小組）
　汪厚俊（村党委員会副書記、地元出身の村官）
　王忠立（村党委員会副書記、村官）

理事
　熊進棟（村党委員会副書記、白沙ブロック第6村民小組）
　諸培才（村党委員会委員、南庄ブロック第15村民小組）
　桂　栄（村党委員会委員、白沙ブロック第1村民小組）
　刘业祥（村党委員会委員、南庄ブロック第16村民小組）
　張友文（村党委員会委員、頂沖ブロック）
　張広才（大規模農家、戴庄ブロック）
　張光道（私営企業経営者）
　任広明（合作社農機担当、南庄ブロック）

監事会メンバー　3名
監事会主任
　李文金（村党委員会委員、村民委員会経理担当）
監事　経理に詳しい農家代表
監事　経理に詳しい農家代表

ように実務を担う専任（従）職員を養成することにつながるのではないかと期待したい。

その2は、2017年の役員構成に見られる特徴として、「村官」経験者（理事長の姚偉超《よういちょう》さん）の他に現職の2人の村官が副理事長を務めていることである。前に（107頁注5参照）述べたように村官は将来、党の中堅幹部や公務員として地方行政を担う（中には農村派遣中に自分の生き甲斐を見つけて定着する者も現われている）人材として期待されている。そのような村官がOBを含めて3名も戴庄村合作社の役員として実務に関わっているのは、「合作社の運営を担えるリーダーの養成」を狙った趙亜夫さんの深慮遠謀がはたらいているのかもしれない。実際、鎮江市の農業政策関係者の間では、「戴庄村は村官の学校」といった表現で、現状やこれまでの実績を評価する声が聞かれるという。

組織を運営するために必要な人員―役・職員の他に業務繁忙期のパート出役者―への人件費（給与）の支給額や支払い方法はどうなっているのだろうか。聞き取り調査の結果を整理すると、次のようになる。

合作社の専従職員は、設立当初は2名であったが、事業の拡大にともなって増員し現在は5名体制で、いずれも組合員農家から採用されている。その業務分担は、作業リーダー（理事）、機械担当、経理担当が各1名、販売担当が2名である。

その給与は、設立当初は月額700元（約1万2000円）しか出せなかったが、現在では月額2000元と年1回のボーナス1万元、年額約3万元（約51万円）で、それなりに生活可能な水準を支払っているとの説明であった。

ちなみに、鎮江市の村官協会が各村に対して要請している村官（大卒の地方公務員）の給与が年額約5万元であるのと比較して、どう評価されるであろうか。もっとも、この5名はいずれも有機米や桃の大規模生産者であるから、自営農業の所得を合算すればかなりゆとりある生活が可能だとの補足説明があった。

専従者以外の合作社の理事の報酬は、村や党支部の幹部で兼任している者はその職に対する給与を貰っているので、理事手当としては年1回4000元（約7万円）が支給され、ブロック長を務める農家理事には同じく2000元が支給されている。

合作社の収支の詳細は公表されていないので、以上の説明から人件費の総額を推計すると年間約19万元（約323万円）となる。これを2014年度の合作社の経常支出の合計1372万元と対比すると、わずかに1・4％弱にしかならず、人件費の負担は軽いといえよう。その理由の一つとしては、これまで述べたように、運営を担う主要なポストを村や党支部の幹部および村官が兼務することによって、「実質上、人件費の補助を受けて運営されている」状態にあることが指摘されよう。（その「見返り」として、合作社の積立金が村の財政の財源に振り向けられている実態について、前述した）

この意味において、戴庄村有機農業合作社はいまなお建設途上にあり、組織の自立的運営には多くの時間が必要であろう。

次の10年間においても、事業展開に対応した新たな設備投資計画がいくつか予定されており、他方、既往の設備の更新や改修の必要も生ずる。こうした状況と組合員全体の参画・共有・協力・共感による結集力、協同の力によって乗り越えていく体制の構築が急務である。

（3）戴庄村合作社の活動とその成果

戴庄村有機農業合作社（以下、他と区別する必要がある時を除き、「合作社」と略記する）は、2016年に活動10周年を迎えた。この10年間の活動は、総括的に見て大きな成果をあげることができたと評価できよう。ただし、短期間に、いわば社会実験的に進められたこともあり、多くの課題が浮上していることも指摘しなければならない。

まずその成果を、いくつかの項目について確認することにしよう。

①実質的に全農家が組合員に

前述したように、設立時の組合員は152戸で村の農家数の18％に過ぎなかった。その後、水稲の有機栽培に取り組む農家が順調に増加を続け、それにともなって合作社の組合員も急速に増え続け、2015年末時点では812戸が加入している（表3－13参照）。

これは戴庄村の総農家戸数866戸の94％にあたり、実質的に村内全農家が加入したことになる。「実質的に」というのは、村内の農家

表3－13　有機農業合作社加入農家数の推移

年次	加入農家数（戸）	加入率（％）
2006	152	17.7
2007	345	36.0
2008	515	60.0
2010	600	70.0
2012	782	90.0
2015	812	93.8

資料：合作社資料から作成。
注1）2006年は設立時、以降は年末時点。
2）加入率は村内総農家数に対する加入農家数の割合。
3）村内総農家数は2006年858戸、2015年866戸。

の中には全農地（の請負権）を他者に譲渡ないし貸付けして事実上離農しているものが少なからず存在するので、「加入資格がある者は全員加入している」というのが村当局の判断である。

次に注目したいのは、加入率の増加の速さであり、設立3年後の２００８年末の加入率は60％を超えている（表3－13）。このことは村を挙げてのはたらきかけもさることながら、加入資格である有機農業に取り組む農家の急速な増加を反映している。

戴庄村における有機栽培の普及状況については次項で確認する。

②村内の優良農地のほぼ全面積が有機栽培

戴庄村における有機農業の取り組み経過については既に第1章、第2章で詳述したところであるが、ここで改めてその普及状況を全体的に俯瞰しておくと、表3－14のようになる。

桃から始まった有機栽培であるが、桃は栽培適地が限られまた技術を必要とするので、その後は現状維持的に推移している。

次に導入された水稲の有機栽培が、２００８年までに栽培適地の全面積に広がったことが前項の「全農家が有機栽培」状況をもたらし、「全農家が合作社加入」を実現した原動力となった。

表3－14に見るように、戴庄村の有機農業は他の作物にも広がりつつあり、２０１１年からは園芸野菜、２０１４年からは茶の有機栽培が始まっている。

③村民所得の着実な増加

かつての戴庄村は周辺地域（「茅山区」）で最貧の村だといわれてきた。21世紀に入って有機農業を基軸とする新しい村づくりに取り組むようになった結果、「小康の（ほどほどに豊かな）村」へと生まれ変わろうとしている。その注目すべき変革の進行状況を表3－15の数字が物語っている。

すなわち15年前の農家の年間所得が１人平均３０００元（約５万円）未満だったのが、いまでは2万元（約34万円）近くにまで大きく増加したのである。

もっとも、表3－15についてはいくつかの点に留意して読む必要がある。たとえば、村当局が提供してくれたこの表では「農家１人当たり平均所得」と表示されているが、「所得」とは農業所得のみを指すのか、農外の

表3－14　戴庄村における有機栽培面積の推移（単位：ha）

年次＼作物	水稲	果樹	野菜	茶	緑肥など
2004	0.04	30			300
2005	10	30			300
2006	100	30			300
2007	150	30			300
2008	200	30			300
2009	200	30			300
2010	200	30			300
2011	200	30	1		300
2012	200	40	10		300
2013	200	50	10		300
2014	200	60	10	10	300

資料：合作社資料から作成。
注 1）原資料の中国の面積単位のムーをhaに換算する際、端数をラウンドして「増加の趨勢」を強調して表示した。
2）「緑肥など」とは、いわゆる水稲の裏作で地力維持を主目的に小麦・ナタネ・レンゲなどを栽培する。

「出稼ぎ所得」や「被扶助給付」なども含めた数値なのか、原データがないので確認できない。

また、「農家1人当たり」とは、農業に従事している成人人口合計で村民所得合計を割り算して算出したのか、それとも農家1戸で1人従事と見なして算出したのか（つまり「農家1戸当たり」と同等になる）、これも確認できない。

したがって、表3−15については、各年の所得金額の絶対値よりも、むしろ「増加の趨勢」を評価する資料として読むのが妥当であろう。

ここで筆者は、合作社から提供を受けた資料を用いて、戴庄村の農家の所得の増加に対する有機農業の貢献度がどの程度あるのか推計を試みた。その手掛かりとなりそうなデータが表3−16である。

この表によれば、2008年に有機米を栽培した組合員に合作社から支払われた精算金は1戸平均3860元であった。生産にかかる資材・諸経費は控除された額なので、これはほぼ「所得」とみなすことができそうだ。

この他に桃農家は戸数は少ないが高所得なので、これを加味すれば1戸平均所得はもう少し増えるであろう。仮に約4000元と仮定すると、表3−15の2008年の村内農家の1人平均所得

表3−15　戴庄村の農家1人当たり平均所得の推移

年次	平均所得（元）
2002	2,800
2006	6,029
2007	7,913
2008	8,512
2009	9,276
2010	11,420
2011	12,500
2012	14,500
2013	16,600
2014	18,500
2015	19,000

資料：戴庄村提供資料により作成。ただし原データや計算方法は不明。

851２元の47％程度が有機農業の所得貢献度という、きわめて大雑把な推計になる。

我々の関心はむしろ最近の平均所得の増加（２０１５年は２００８年の倍増）に、有機農業がどれだけ貢献しているかにあるのだが、残念ながら今回の調査ではそれを具体的に確認できなかった。

④合作社の事業と組合員との関係

合作社の主な事業活動は、有機農産物の生産指導（生産資材の供給を含む）と生産物の共同販売である。

戴庄村の有機農産物の中心は、これまでの説明からも明らかなように桃と水稲であり、２０１１年から園芸野菜類、２０１４年から茶が加わった（表3－14）。

園芸野菜類の生産者や生産量はまだ多くないが、

表3－16　2008年産有機米の生産・合作社買い取り・組合員への支払実績

項目		数量または金額	換算値
A　栽培農家数		407 戸	
B　栽培面積		1,580 ムー	105.4ha
C　籾付収量（未乾）		747,807 斤	373.9t
D　平均単収（C ÷ B）		486 斤	243kg
E　買取価格		1,800,812 元	3061 万円
F　合作社差引額		229,714 元	390 万円
内訳	刈取・搬出・施肥	103,341 元	176 万円
	肥料代	126,373 元	214 万円
G　組合員への支払額（E － F）		1,571,099 元	2671 万円
H　1戸平均受取額（G ÷ A）		3,860 元	65,620 円

資料：合作社資料により作成。
注 1）合作社の買取価格は1ムー当たり 1,140 元。
2）日本の単位への換算は以下による。10 ムー＝ 66.7a、1 斤＝ 500g、1 元＝ 17 円。

施設イチゴ、ブルーベリー、その他の野菜など、現状は生産者の個別販売である。ただ、たとえばブルーベリーの販売用の箱の側面には「全国労模　全国時代楷摸　CCTV三農人物趙亜夫研究員悉心指導　口感純正　管養健康」と、カリスマ的農業指導者・趙亜夫さんが献身的に指導している美味滋養の果物であることをアピールする販促コピーが大書きされており、このような出荷資材の供給手数料が合作社の収入になっていると考えられるが、その供給単価や合作社の手数料は今回は確認できなかった（写真3－3）。

茶は、合作社がモデル茶園を造成し、その栽培管理者として浙江大学（旧浙江農大）大学院卒の女性を村官として採用し、2016年に合作社の製茶工場を建設して加工・販売体制が整う計画であり、その実績をもとに茶園の拡大へつなげるのが超亜夫さんの構想のようだ。

⑤桃の主力生産者と合作社との相互関係

桃は前述したように、戴庄村の有機農産物の先駆であるが、

写真3－3
趙亜夫氏の指導を強調するブルーベリーの箱

栽培適地が限られていることと栽培技術が必要なことが制約条件となって、昔からの産地である旧白沙村の中で大規模生産者が3戸育った他は、10ムー前後の中規模生産者が3～4戸、残りは従来の慣行栽培も含めて2～3ムーの生産者が数戸というのが現状である。

3戸の大規模生産者は、前章でも紹介したように30万～40万元（約500万～600万円）もの販売収入があり、後継者も育っている。しかしそれ以外の生産者は、個別生産の限界（家族労働力および経営者能力）から、これ以上の面積拡大は期待できないのではないだろうか。

「戴庄村ブランド桃」は、その初期段階では趙さんや市当局の販路開拓支援が大きな役割を果たしたが、現状は数戸の有力生産者がその才覚と工夫で競いながら、その結果として共同で「ブランド力」が維持されている側面が強いように感じられた。

収益性が高い有機栽培桃ではあるが、現在の生産量を維持ないし増やすためには、新しい取り組みが求められる。この点についての筆者の提案を示して参考に供したい。

合作社の桃事業と生産者組合員との関係について、有機桃の最初の栽培者で、村一番の桃園の経営者でもある杜中志さんと後継者の付海さんに対するヒアリングに基づいてまとめた。

杜中志さんは、これまで見てきたように、趙亜夫さんの「戴庄村プロジェクト」の最初のパートナー実践者であり、2007年の合作社設立時には生産者代表の1人として理事を務めた。その息子の付海さんは2001年に出稼ぎをやめて帰村し、翌年の旧正月に結婚した。当時は村内に働く場所がないので、知人が経営する会社の運転手として月1500元前後の収入を得ていた。

父、中志さんの桃事業が軌道に乗り始めて人手が必要になったので、2004年から桃栽培を手伝うようになった。2005年から2012年までは合作社の桃部門の専任技術指導者の仕事も兼務した。その間、2008年には杜家では世代交代があり、息子の付海さんが経営主になり、父の中志さんが手伝うという形になった。

付海さんは合作社の桃指導員を辞めてから、趙亜夫さんの提案に従って、2013年からイチゴの栽培にも取り組んでいる。連棟式ハウスの高設栽培方式で、施設は合作社が建設し、3年目からはリース料を支払って個人経営に移行することになっている。付海さんによると「3年目になるが、栽培技術が安定せずまだ利益が出ない」という。

なお、杜家では米生産からは撤退しており、水田は他の農家に委託しているとのこと。

以上のように、戴庄村の桃経営と合作社の桃事業について最適の説明者である杜父子の桃経営の展開経過をまとめたのが表3－17である。

販売収入は順調に増加していることが確認できる。これに対して、その販売ルートとしては合作社経由の割合は、高かった2007～2010年当時でも40％前後にとどまり、最近では10％にすぎない。

理事や専任技術指導員という立場を考えると意外な感じもするが、杜さん父子は「合作社の販売手数料が高すぎるからだ」と、その理由を説明する。桃の販売手数料は当初60％、調査時点でも50％だと聞くと、たしかに高いと思われる。

表 3−17　杜桃園の経営展開の経過

<table>
<tr><th>年次</th><th>経営の展開</th><th>年間
販売収入</th><th>主な販売ルートとその割合</th></tr>
<tr><td>2003</td><td>試験園の桃が成り始める</td><td>—</td><td>鎮江市農科技協の紹介先へ試験販売</td></tr>
<tr><td>2004</td><td>杜中志さんが、払い下げを受けた桃園の経営を開始。息子の付海さんも手伝う</td><td>8 万元</td><td>農科技協の紹介先　90%
庭先販売（口コミ）　10%</td></tr>
<tr><td>2005</td><td></td><td rowspan="2">10 万元</td><td>農科技協・市政府の紹介先　50%
鎮庁の紹介先　10%
独自ルート　40%</td></tr>
<tr><td>2006</td><td>有機桃栽培を始めた彭玉和さんに桃園を分与（2008 年分と合わせて 50 ムー）</td><td>市政府の紹介先　40%
合作社経由　20%
独自ルート　40%</td></tr>
<tr><td>2007
～ 2010</td><td>世代交代して付海さんが経営主となり、父の忠志さんが手伝うという形に</td><td>20 万元</td><td>市政府紹介先　10%
合作社経由（市政府紹介先・個人）　40%
独自ルート　50%</td></tr>
<tr><td>2011
～ 2012</td><td></td><td>30 万～
40 万元</td><td>市政府紹介先　30 ～ 40%
合作社経由　10%
独自ルート　50 ～ 60%</td></tr>
<tr><td>2013
～ 2014</td><td></td><td>40 万元</td><td>市政府紹介先　10%
合作社経由　10%
独自ルート　80%</td></tr>
</table>

資料：杜付海さんからの聞き取りに基づいて作成。

表 3−18　2014 年の杜桃園の販売ルート別内訳

最終消費者への直接販売	30%
小売業者への卸売	30%
企業（従業員支給用）	20%
ラジオ局（リスナー向け通販）	10%
合作社経由	10%

資料：杜付海さんからの聞き取りに基づいて作成。

杜父子によると、村内の桃生産者たちは合作社の手数料が高いことを嫌って独自販売に力を入れており、合作社に持ち込まれるのは「格下品」が多いのが実態だという。杜さんが合作社出荷に10％を維持しているのは、「立場上」協力せざるを得ないからだとも述べる。

この問題は大きな論点の一つなので、後論したい。

次に最新の2014年の桃販売について、やや詳しく見たのが表3-18である。

中国らしいユニークな販売ルート、ラジオ局の販売仲介事業は、日本のテレビショッピングのラジオ版と言えるかなと、興味深い。

もう一つ中国独特の慣習として目を引くのが、国営・民営の有力企業が福利厚生の一環として、その社員に高級商品を現物支給することである。戴庄村の有機桃もその対象品に選ばれていて、有利な販売ルートの一つになっていることが分かる（表3-18の企業〈従業員支給用〉という項目が20％を占める）。

合作社を通さずに独自販売先を開拓してきた杜さんにその工夫を尋ねたところ、次のような答えがあった。

毎年、販売シーズンの直前に、各販売ルートの窓口担当者にショートメールを発信し「試供品」として1～2箱を送っており、現在ではほぼ100％が固定客（リピーター）になっているという。また、販売にあたっては品質（大きさの区分などの規格）分別をしないで箱詰めする。消費者も大小混じっているのを好むのだという。

桃生産者たちは個別バラバラに活動しているように見受けられ、前述した合作社の販売手数料が高いことについても、みんなが不満を抱きながらも、特に相談し合ったりする動きはなく、むしろ互いにライバル視し合うような風潮すらあるという。かつて趙亜夫さんの指導で有力な生産者5人をグループにしたことがあったが、取り決めを守らないメンバーが現われて、まもなく崩れてしまった経緯があったと聞いた。

杜さんは、合作社が手数料を一方的に決めるのではなく、生産者との話し合いによって納得できる形で決められたらよいのだがと述懐する。筆者が日本の農協の例を紹介して、「桃部会」のようなしくみを作り、協同・協力して方針決定できるように、また桃部会から理事を選出できるようにするのはどうかと助言したら、杜さんは大いに関心を示したようにみえた。ただし、次のような感想をもらした。「それは理想だが、現状ではとても不可能だ。理事の選任も、実態は任命制に近い」という。

現状は好ましくないが、個々の生産者の経営が好調だと思っている間は、改善するには相当な困難をともなうだろう。ましてや合作社は、果樹の選果・包装施設を保有・運営していないので、合作社への結集力を生み出す契機も生まれない。桃生産者が「何らかの経営危機」に直面し、協同・協調の重要性を認識する過程を経なければ現状打開の機運は生まれないのかもしれない。地道な「学習」の呼びかけを、最成功者の杜さん父子が行なわなければ事態は動き出さないであろう。

合作社の桃事業の成果、到達点としては、杜さんのように、自らの経営の実態や合作社の現状を総体的に把握する能力を持ち、批判的に捉える視野を備えた農民を生み出したことであろう。

うがった見方をすれば、独自の自主財政力がない基礎行政村たる戴庄村は、高率の販売手数料という方法で、高額所得者から実質的な「村民税」の徴収を実現しているのではないだろうか。これも一つの成果と言えるのかもしれない。

（4）合作社の米事業の実情と課題

実質的に全組合員が有機米生産を行なっている戴庄村では、合作社の米事業は中核的な重要性がある。合作社による有機米の生産指導と販売事業の現状を、関係者からの聞き取りを中心にまとめると以下のようである（なお、戴庄村の有機米栽培の技術的な評価については共著者の中島紀一が第2章で詳述しているので、ここでは組織的活動の実態、販売体制の現状および、そこで浮上している諸課題の指摘などを中心に述べたい）。

最初に話を聞いたのは、張広才さんである。

張さんは1973年生まれで、出稼ぎ先で資金を蓄えて運送業などを営んでいたが、父の病気で帰村就農した。

2007〜2013年、旧戴庄地区の第1班の班長を務めて村民に有機米の栽培を普及する現場で活動していた。

有機米栽培に関わった班長の仕事というのは、育苗・田起こし・畦塗り・田植えが手順通り実施されているかどうか班内を巡回、確認、指示し、田植え後の苗の活着状況を点検する仕事から始まる。

さらに収穫後は、班ごとに実績が集計・比較され、それに基づいて趙亜夫さんが講評・指導することで、班長の指導責任が問われる。翌年の春作業の前に、その要改善点を班民に徹底するのが班長の大事な職務である。

2015年からは、過去の指導実績を考慮して、班民から信望ある人を班長に理事会で選任することに改められたという。

班長の具体的な職務内容は、これまで慣例を踏襲する形だったが、現在指導内容をマニュアル化した職務規定を立案中とのことであった。

班長の報酬であるが、春作業の開始から収穫作業の終了までの期間、常勤・拘束された形になり、日当として70元（約1100円）が支給される。班の収量が村の平均を上回った場合には、20％が加算追給される。

毎日拘束されるのは負担だが、自分の仕事が忙しい時などは、合作社に届け出て代わりの人を頼むことができることになっている（その日当は男性70元、女性66元）。

現在、張さんは合作社の専従オペレーターと販売担当者（注文が入った時だけ、その都度事務担当の村官の指示に従い、米の発送、配達を行なう）を務めている。オペレーターの賃金は、田植作業は1ムー当たり100元（1700円）、収穫作業は1日当たり250元（4250円）である。

①合作社が所有する米事業の機械・施設

合作社のオペレーターに話が及んだので、ここで合作社の米事業に関わる主な機械・設備などの固定資産の保有状況を整理しておく必要があろう。

筆者らが現地調査した２０１５年７月時点において合作社が保有する米事業関係の機械・設備は表３−19の通りである。

一覧して分かる通り、組合員のほぼ全戸（８１２戸２００ha）が有機米生産に従事している戴庄村の合作社の機械・設備としてはきわめてわずかである。

つまり、これ以外に村内で必要な田植機・トラクター・コンバインなどは組合員個人が購入し、合作社から委託を受けたり、生産者個人間で受委託してオペレーターとして作業を行なっているのである。

日本のように、組合員生産者が全戸、個別に農業機械を買い揃えると過剰投資（「機械貧乏」）になることが危惧される。しかし、中国農村の現状では（将来はそうなる可能性が大きいが）、個人で機械を購入できるのは出稼ぎ先で起業して蓄財できたごく少数の農民に限られる。結果的にその特定者にオペレーター作業が集中的に委託されている。戴庄村では２人の大規模農家が村内の機械作業の大部分を引き受けている。張広才さんと陳玉華さんである。

２人の耕作面積および稲作機械の所有状況をまとめたのが、表３−20である。驚くほど多額の資金（その60〜80％が借入金）を投資して、大型の機械を複数セット購入している。本人のみでなく、複数

表3−19　合作社が所有する米事業の機械・設備

①倉庫・格納庫・ライスセンター（大きな建屋の中が倉庫兼格納庫の区画とライスセンターの区画に仕切られており、精米・計量・包装設備も配置されている） ②ハンドトラクター　5台 ③パワーローダー　1台 ④田植機　2台（ヤンマー製6条植1台、ミノル製ポット植方式1台）

注1）ライスセンターの乾燥・調製機はサタケ製。
　2）2016年春に南庄地区に育苗ハウス3棟を建設し、後作に野菜を栽培する計画がある。

表3−20　戴庄村の2人の大規模オペレーターの概要

氏名	張広才（1973年生まれ）	陳玉華（1974年生まれ）
耕作面積とその内訳	800ムー 　自作地180 　村内（個人から）320 　村外から（合作社紹介）300	1,200ムー 　村内（個人からと合作社経由、どちらも有機）300 　村外から（慣行）900
所有機械	田植機6条植2台 （2015年にも1台購入予定） トラクター70馬力2台 コンバイン2台 （2015年にも1台購入予定） 農用トラック5t　1台	田植機3台 （ヤンマー2台、クボタ1台） トラクター大型3台 （クボタ2台、ヤンマー1台） コンバイン6台 ハンドトラクター2台 農用トラック5t　1台
備考	合作社の紹介で村外の大規模農家から受託している300は、晩稲品種なので村内作業と競合しない	個人事業として、親族7人で専業合作社を設立し、オペレーターを雇用して受託事業を行なっている

写真3−4
張広才さん所有の
大型コンバイン

の雇用労働力を擁して、村外からも作業を受託する受託事業者となっている実像が浮かび上がっている（写真3－4）。

②農機の個人所有と共同・共益の課題

なぜこのような状態になったのか、合作社側と大規模オペレーター側から、異なった立場に立った説明（主張）があった。

・合作社の理事者の立場からの説明

本来なら、大型機械は合作社が購入して組合員がオペレーターとして作業にあたるのが望ましいが、合作社は資金不足でトラクターやコンバインなどの高額な農業機械は購入できない。そこで、「次善の策」として、能力のある組合員が融資を受けて（合作社が信用保証して支援）購入し、合作社が仕事を個人に委託する方式をとっている。

結果として、何人かの中核となる農業の担い手が育ち、その組合員の所得の増加にもなり、この方法も良いのではないかと、合作社は考える。

・オペレーターとして活躍している2人の大規模農家の考え方

2人とも、人民公社時代の失敗に照らして、組織が機械を購入して組合員が共同利用することには反対する。中国では、自分の物は大切に扱うが、他人の物や共同の物は粗雑に扱い、メンテナンスも怠るので、機械は個人で所有すべきだと口を揃える。

以上のような戴庄村の有機米生産の現状は、好ましい方向とは思えず、克服すべき問題点があることを率直に指摘しなければならない。

すなわち、合作社の資金不足を理由(共同所有を嫌う中国人の考え方が真の理由かもしれない)として、力のある組合員に個人で大型機械を購入させ、その結果、2人の大規模オペレーターが村の有機米の収穫作業のほぼ全てを受託する状態になっている(合作社はコンバインを持たない)(写真3−5)。

しかも、2人の組合員は多額の負債を背負っているので(合作社もその一部を債務保証していることもあるのだろう)、村外の慣行栽培米の収穫作業の受託の仕事を紹介して借入金の返済を支援してさえいる。

このことは、「協同組合である合作社を中核とする、みんなが参加し、みんなが豊かになる村づくり」を目指す路線とは、明らかに異なる方向へ進んでしまう危惧がある。

いくつかの論点を掘り下げてみよう。

写真3−5
乗用田植機を運転する張広才さん

(1)2人のオペレーターが購入している機械類は、村の圃場の実態また有機農業の技術体系のあり方に照らして、あまりにも大型すぎる。明らかに不適合（ミスマッチ）である。

今後目指すべきは、中・小型の機械化体系であり、そのような機械を合作社が購入して、6ブロックに各1セット（トラクター＋田植機＋コンバイン）貸与して、専属利用させる。そのオペレーターとして、交代要員を含めて各ブロックで複数を養成する（日本の集落営農法人では、女性のオペレーターも活躍している。女性の社会参加が進んでいる中国なら、研修を受ければ候補はいくらでも得られよう）。

(2)表3－20を見れば明らかなように、2人の大規模オペレーターは、いまや複数の下請オペレーターを個人的に雇用する「請負業者」へと展開しつつある。

この状態を継続するならば、育苗から収穫作業に至る有機米生産の全段階にできるだけ多くの村民が参画するしくみが壊れてしまい、少数の豊かな組合員と多数の貧しい「在村離農者」とに、村内格差を広げてしまうことが危惧される。

合作社の事業成果を、できるだけ多数の組合員に、その労働参加への分配を通して公正に還元するしくみを構築する必要がある。

(3)他方、2人のオペレーターが指摘するように、「組織の所有物や共同の資産を粗雑に取り扱う悪習」も随所に見受けられた。

たとえば、ライスセンターを兼ねた大きな建屋（写真3－6）であるが、至るところに穴が開いていて屋内に野鳥（スズメか）が営巣したり、飛び回ったりしている。乾燥機の周辺には籾殻やヌカが広範囲に飛散・堆積している。雨季には雨が吹き込み、カビが生えるかもしれない。外壁の錆や穴も散見され、明らかにメンテナンスが欠落している。

これではとても「有機」の基準を満たしているとは思えない。筆者が建屋の汚損などを指摘したのに対し、「補助金では事業費が不足したので、施工業者を値切った。手抜きをされ、低品質の資材を使用されたのかもしれない」との答えが返ってきた。

補助金で取得したものは「上から与えられたもの」と考えがちで、「自分たちが身銭を切って手に入れたもの」とは、取り扱う態度に違いが生ずる傾向があるのかもしれない。

しかし、不断の学習を通じて、協同組合運動の理念や目的を学び、村や合作社の幹部が考え方を前進させ、率先垂範することを期待したい。協同組合運動とは、学習を重ねて、共同・共益を目指すことである。

写真 3-6　ライスセンターの内部

③合作社の有機米販売事業

村官出身で、村民委員会主任と合作社の事業管理（販売担当）職員を兼ねる姚《よう》偉《い》超《ちょう》さんからの聞き取りによると、２０１４年産米までの合作社の有機米の販売ルートとその価格などの状況は表３－21のようになる。

卸売価格が1斤10元以上というのは、日本の単価に換算すると１kg３４０円ということになり、新潟コシヒカリの日本国内での卸売価格並みである。中国の国産米の5倍以上に相当する価格で、これが戴庄村民の所得の増大に貢献してきたことは間違いない。

他方では、高価格の販売ルートへの依存が大きくなるほど入金までの期間が長くなり、多額の販売未収金を抱えるので、合作社の資金繰りが苦しくなるという負の側面があることは指摘しておかねばなるまい。

それでも、２０１３年産までは順調で「趙亜夫さんが直接指導する日本式の有機米コシヒカリ」ブランド

表3−21　2015年時点における合作社の有機米販売事業

①合作社による直接販売（ほぼ1時間以内の配達圏）10%
1斤当たりの販売価格は距離とロットに応じて10～18元
納品後1週間以内に振込み入金

②合作社から契約販売店への卸売40%
句容市内の2店、鎮江市内1店、南京市内1店
1斤当たりの卸売価格は2万斤まで12元、2～4万斤11元、4万斤以上10元

③上海の大口エージェント（販売委託先）50%
1斤当たりの納品価格は10元

注）中国の商慣習では、②および③のルートの場合、納品時点で領収書を交付するが、入金は次回納品時だという。それまでの期間は多額の販売未収金が発生することになる。

の人気は高く、毎年「完売」が続いた。生産量の増加を上回る販売需要の増加状態の場合には、先に指摘した資金繰り悪化も吸収して表面化しなかったのかもしれない。

それにしても、このような高価格の米を購入するのはどのような人たちなのだろうか。とても一般の庶民が購入するとは思えない。

この高価格米の主たる需要は、中国の贈答文化が生み出してきたのだ。それを支えてきたのが公費による接待だといわれている。この贈答米や公費需要向けの販売窓口となっているのが、上海の大口エージェントであり（表3－21の③）、戴庄村産米のおよそ半分が、このルートで販売されてきた。もう一つの高価格販売ルートが国営企業や民営有力企業による、社員への福利事業としての有名ブランド品の支給習慣である。この件については、既に桃の販売先のところでも触れた。

筆者らが話を聞いた合作社の配送担当でもある張広才さんは、たまたま前日に、南京市内の国営大手航空会社「中国東方航空」へ、注文品の有機米を納品してきたというので、その事例を説明してもらった。

1kg袋を200袋詰めた箱を10箱、2kg袋を40袋詰めた箱を10箱、計2・8tをトラックで配達してきたという。これは東方航空が、社内の従業員向けの購買店舗（日本の職域生協の店舗に似たしくみ）で、厚生事業の一環として割引販売する商品だという。社員が購入する価格との差額を企業が負担する。これは表3－21の販売ルートでいえば、①の合作社による直売先の事例にあたる。

さて、調査した2015年6月末時点における2014年産米の販売はきわめて不振であり、まだ

4割が在庫のままであり、納品済み分も多くが未収という深刻な状況であった。販売不振の最大の要因は、中央政府による綱紀粛正令で公費による高額商品の購入や贈答品需要が激減し、宴会需要も冷え込んだことにあるとされている。

このような状況は、これまでの合作社の有機米戦略が抜本的な再検討・方向転換を迫られていると受け止めるべきではないだろうか。すなわち、合作社は有機米をできるだけ高く販売し、合作社の運営費+村財政への振り向け額をまかなった上で、組合員が満足感を実感できる価格で組合員から買い取る形で成果を還元することを通じて、全村民から評価され、結集力を維持してきたこれまでの路線の再検討が必要になっている。

多少の時間が必要となるが、表3－21の販売ルートで具体的に説明すると、高価格の贈答需要に依存する③の上海エージェントの販売割合を10％にまで下げていくのが、取り組むべき最初の目標である。

戴庄村産の安全で美味しいお米を、特定の富裕層に食べさせるのではなくて、戴庄村の村づくり運動を理解し、共感し、支持してくれる中間層の幅広い人々が、年間を通して購入し食べ続けてもらえるような価格帯で提供する路線への方向転換である。

現在の卸売価格が1斤（500g）10～12元という販売ルートでは、最終消費者が実際に支払う価格は20元近くにもなるであろう。これを①の直販ルートに揃えて、最終消費者が10～15元で購入できるようにする。もちろん、②および③のルートも併存すべきだが、無理をして貸し倒れが生ずるような売り方は避けるべきである。

他方、組合員生産者からの合作社の買取価格については、今後の組合員の生活水準の上昇を考慮に入れると、現行価格を下げる余地はないと考えられる。そうすると、合作社の販売原価を下げる余地は、村の事業費を負担している分を止めることが、計算できる可能性である（村の運営費をどのように調達するかという「代替措置」については後に、第4章で提示する）。

既に述べたように、戴庄村では栽培適地のほぼ全面積に有機米が栽培されるに至っているので、これ以上栽培面積は増やせない。そこで、面積当たりの生産量を増やすことが、生産原価≒販売原価を下げるもう一つの可能性であることも指摘しておく。

以上二つの方法によって、具体的に何元程度まで販売価格を下げられるかは、ここでは材料不足のため、その試算を示すことはできない。

もう一つ、戴庄村産有機米のファンを増やし、有機米の付加価値を数倍に増やすのに有効と考えられる方法が、既に動き出そうとしている。それは、いわゆる「観光農業」への取り組みである。急激に工業化＝開発が進む中国では、戴庄村のような豊かな自然が保全されている田園風景は、「懐かしい故里」として都市住民のあこがれの対象になる。

「有機の里・戴庄村」を「丸ごと農村公園」として、宿泊農業体験などのグリーンツーリズム事業が定着できれば、新たに就業機会が生まれ、農家レストランで村内農産物の付加価値販売が可能になる（精米で販売する価格に対して、レストランなどで炊飯・調理して提供する米飯の価格は2～3倍になる）。

訪問客は、戴庄村産農産物の直接購入者（それも固定客）になってもらえる。

現在、村内には新しい農家レストランが数軒営業を始めており、今後、このような「観光農業化」の取り組みが、広がり、定着することを期待したい（写真3－7）。

④合作社が村づくりの拠りどころとなるために

設立後10年、これまで報告したような歩みを続けてきた戴庄村有機合作社であるが、ひとりの協同組合の研究者としての筆者の立場から、さらに充実・進化し、永続的に発展するために、是非、早急に改善すべきことを指摘しておきたい。既に、事業運営上の要改善事項については、これまでにも個別に指摘してきたので、ここではより包括的な提案をしたい。

今回の現地調査で、筆者が一番もどかしく感じたことは、日本の農業協同組合や集落営農法人の「総会資料＝事業報告書兼次期事業計画書」に相当する冊子を貰うこ

写真 3-7　池の傍の落ち着いた農家住宅

とができなかったことである。

日本の場合は、農業協同組合であれば監督官庁である農林水産省が、根拠法である農業協同組合法に基づいて、その省令である農業協同組合法施行規則で、事業報告書・貸借対照表・損益計算書・余剰金処分案または損失処理案・附属明細書および注記表の表示方法、部門別損益計算書の表示方法と、様式を定めている。全国全ての農業協同組合が毎年この統一された基準に基づいた事業報告書を作成・印刷して総会前に全組合員に配布し、集落座談会で説明し、質疑に応答した上で、総会（または総代会）で承認を受けている。

この総会資料を読めば、組合員はもとより、外部の関係者は誰でも、その組合の事業の現状や課題を具体的な数値に基づいて把握できる。

戴庄村合作社については、肝腎の「総会資料＝事業報告書」が印刷・配布されていないようである。我々が知ることができたデータは、表3－11～表3－14、表3－16と、インターネット上で開示されている村のホームページの、きわめて大括りの貸借対照表と損益計算書が全てであり、あとは個別のヒアリングで聞きただす必要があった。

まだ、中央政府や地方政府の法令も整備途上にあると考えられるし、そもそもその必要性の認識がないから作成されないのだろう。

前述したように、現在の組合員の大半を占める世帯主世代は識字率が低く、紙媒体の印刷物の文書を理解できないことを前提として作成されないのかもしれない。

いずれにしても、現状は、一部の役職員のみにしか合作社の経営実績や課題が共有されていないと思われた。

協同組合としての合作社の主要な活動目的の一つに、組合員の学習・啓蒙がある。組合員が主体的に組合の運営に参画し、組合事業の利用を通じて、自分もみんなも共に充実した人生を送ることができるように、意識改革をすることを目的としている。

中央政府や省・市の指示を待つのではなく、合作社の役職員や組合員が自ら、自分たちの合作社をより充実し、永続発展するために、何を知らなければならないのか、どのような資料をまとめる必要があるのかを話し合って、文章で理解されないなら図解を多用するなどの工夫も加えて、共有資料を配布し、説明・学習する機会を設けることから始めなければならない。戴庄村合作社が、その必要に基づいて作成する組合員向けの小冊子が、その第一歩となろう。

第4章 「ともに幸福になる」地域づくりに向けて
――中国では新たに創り、日本では再構築すべき協同（共益）活動とそのしくみ

楠本雅弘

1 日本と中国の農村集落の対比

日本・朝鮮・中国（特に江南）の農村集落は、ともに東アジアのモンスーン地帯に属し、稲作を基盤としているので、その成り立ちや運営のしくみには多くの共通点があるのではないかと考えられる。歴史的にも密接な交流の積み重ねがあったのだから、そう考えるのが自然であろう。

ところが、先行する多数の調査報告書や研究者の著述から明らかになった結論は、日本と朝鮮（韓国）の農村集落には多くの近似性があるが、中国（江南）の農村集落は大きく異なっていることである。

その違いをひとことで説明するのは難しいが、あえて整理すると、日本の農村集落は「地縁社会」であり、「家（世帯）」の集合体であるのに対し、中国は「血縁」原理で成り立つ「宗族社会」（共通の先祖の祭祀が結集の基礎になっている）だといわれる。革命前の中国の地図を見ると、氏族の名前が村名となっている自然村（集落）が圧倒的に多いことに気づく。

中国の農村集落に関する調査報告書を読むと、革命前の中国では村の運営に必要な経費は氏族の有力者が負担し、困窮者の支援や治安維持など村民を守るのも有力者の任務とされていた。その代わりに、氏族の共同財産である土地の実質的な所有権は有力者が世襲するようになり、一般の構成員はその小作人という立場になってしまっている。そうなると、ムラの方針決定も氏族の長の権限となる。

日本のムラでは、成員の家はその能力に応じて必要経費を拠出し、相互扶助活動によって支え合うが、中国では革命後の現在でも、農業生産・冠婚葬祭・困窮時の相互支援・住宅の新改築などの際に農民が実際に頼っているのは親族であるとの調査報告が共通している。戴庄村での聞き取りでも、冠婚葬祭は隣近所が手伝うのではなくて、親族が集まって行なうというのが答えであった。

日本の場合なら、これらはまさに集落（ムラ）の本来の役割である。日本には、いざという時に頼りになるのは「遠くの親族より、近くの他人」であるという諺があるが、中国の農村では「近くの他人より、遠くの親族」に頼るという考え方になるのだろう。

2 日本の農村集落の特質──自治・協同・共助活動

日本の農村集落は、封建社会の村落共同体を出発点としており、その後の資本主義社会への移行にともなう大きな環境変化や行政村から加えられる再編圧力に対応・変質しながらも、その「自治村落」としての基本的性格を維持している。なぜ、激しい時代の変化に耐えられるのかといえば、構成員が協同・共助活動によって結集力を維持しているからである。

日本の農村集落の基本的性格である「自治」を端的に表わすものが、集落としての意志決定をする場合に、構成世帯全戸が寄り合い、話し合って合意し決定するという手続きをとる「決め方」である。その場合は、貧富の差・職業の別・社会的地位の上下に関わらず1世帯1票の議決権を保障することで「自治」が成り立っている。

集落としての意志決定が必要な場合とは、構成員の共同の利益を守ること（たとえば、行政から小学校の統合を求められた時、地区内の山林に産業廃棄物の処分場設置について諮られた時、河川や道路の改修にともない里山や用水路の潰削・改廃を求められた場合など）、共有施設の新設・改修にともなう資金負担や積立金の取り崩し、共同の利益の増進や利便性の向上のために行政に対し要求する（道路を改修や架橋、バス路線の開設・増便など）場合などが挙げられる。

（1）集落の組織運営のルール

集落は「家」の集まりで、住民たちの「世帯」単位の参加意思に基づいて成立している。集落の組織運営のルールは、明文化された規約や申し合わせになっている分野もあれば、幾世代にもわたる運営経験の積み重ねによって形成された習慣・慣行として構成員が従っている不文律の分野もあり、この両分野が合わさって巧みに運営されている。

この集落の組織運営の基本にあるのが、平等・対等の議決権と応分の負担の原則であろう。集落で何かを相談したり、何事かを決める場合には、この原則に従って全世帯に案内を出し、各世帯の代表者（世帯主かその代理者）が参加した「寄り合い」が開かれる。民法が定める委任状などを提出せずとも、欠席者は当日の決定に従うという暗黙の了解のもとに進められる。

この場合、発言権や議決権は「家」（＝世帯）単位で1票というのが原則である。1人世帯もあれば5人世帯もあるなど世帯ごとの現住人数はまちまちであるから、不公平・不平等ではないかとの見方も成り立つが、集落は「家」の集合体であり、つまりは「構成単位」は世帯であるから、議決権が世帯単位で1票というのは合理的なのである。

集落住民の「寄り合い」会合の開催頻度には地域差が大きくなっている。年1～2回の定例総会の他は必要な時に開催する集落が多くなっているが、中国地方や九州地方などでは、特例の議題が無くても、集金や担当役員からの報告と親睦を重ねて毎月定例で、「常会」とか「講」といった名前で開催されている地域もある。

近年の傾向として、自治集落としての集落の組織と活動を永続させるために、また引き継いできた共有財産や積立金の管理のために集落や複数集落の連合組織を、地方自治法に基づく「地縁法人（○○自治振興会など）」や民法に基づく「一般社団法人」として法人化する動きが見られる。

（2）多数の協同活動組織

日本の社会構成は、国家や地方政府が直接的に個々の国民と対峙するのではなく、図4－1のように、個人が協同組織する「中間組織」が公権力と個人の間に存在し、その組織は自主的な協同組織として運営されるが、事業や活動は国家や地方政府が財政支援などを通じて支援する形になっている。いわば公―共（協）―個（私）の3層構造である。

前述した集落そのものも、自治会とか区などの名称を持つ、多数の個人が結集した共（協）の組織である。

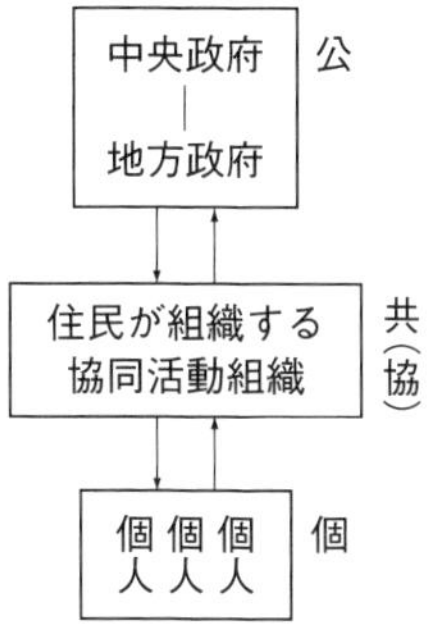

図4－1　日本農村の３層構造の社会的構成

この他に、集落段階には多様な職業・年齢・性別の個人が定住しているので、必要とする支援やサービス、求める利益も多様に分かれて一括りにすることは困難である。

そこで、住民全体が利益を享受するような事業・活動のための協同組織、特定の受益者が共同の利益のために組織する協同組織（たとえば農業機械の共同利用を目的とする営農組合、水利施設の設置や維持管理のための土地改良区や水利組合、牧野の維持改良のための牧野組合）など、特定の協同活動組織が多数設立されている。これからの協同組織は、住民個人が自発的に加入し、運営のルールを規約や定款として定め、組合員の中から役員を選出し（地方政府が任命状や委嘱状を発令して公認する場合もある）、必要な経費は組合員が能力や受益の程度に応じて負担拠出（出役＝労力提供も含む）する「協同組合組織」である。

（3）再構築が課題となってきた日本農村の協同活動組織

日本経済が高度成長と国際化の段階を通過した過程で、農村社会は大きな変動の渦中に投げ込まれた。以前は、農村集落の大部分が農家であったのが、混住化が進行していまでは非農家のほうが多数となり、若い世代は収入を求めて都市部へ流出して、少子＝高齢化や過疎化（急激な人口減少にともなう地域の衰退）に悩む状態になってきた。

資本主義の市場原理は純農村部深くにまで浸透し、伝統的な地域商店を破綻させ、インターネット宅配サービスの利用でお金さえ払えば世界中の商品を購入できるようになった。冠婚葬祭さえも営利事業化し、集落の協同活動に依存しなくても個人は生活できる状況も生じ、人々の連帯が弱まり、個々人はバラバラに分断されつつある。

東日本大震災や原発事故、相次ぐ自然災害はこのような社会の孤立と分断状況に鉄槌を下し、根源的な反省を迫った。いま日本では、絆の再構築、新しい協同の必要性が求められるようになり、各分野・各地域で多様な共働・協同活動が展開されるようになっている。

集落段階において、これまでに組織されてきた農家の機能集団は、農家組合、機械・施設の共同利用組織、転作組合そして集落営農組織など、いずれも前述した「集落の原理」を反映して、それぞれの経営主が構成員となって組織された「家の連合会」がほとんどであった。

たしかに、伝統的な組織原理に基づく集落営農は組織しやすく、慣れ親しんだ運営ルールには抵抗感が少なく安定感もあった。しかし、「経営組織」として、5年10年と活動を継続するうちに、多くの組織においてさまざまな問題に直面し、大きな課題を抱えるようになってきている。

「家単位」で「1軒から世帯主または経営主1人」が構成員となって組織された伝統的な集落営農組織が直面する大きな壁の一つは、役員およびオペレーターの世代交代問題である。

世帯主または経営主が構成員ということは60歳代後半から70歳代の比較的高齢世代が主力になって、集落（地域）の農業生産活動や環境保全活動を担うことになり、「農業は年寄りの仕事」「集落営農はおじいさんの組合」という受け止め方が、集落（地域）の中でも、それぞれの家族の間でも固定化し、集落みんなの仕事・組合でなくなってしまう。

発足当初においては、他産業に従事している後継者世代が定年退職したら、「家の跡継ぎ」として就農し、次々と役員やオペレーターを引き受けるであろうとの期待があった。もちろん何割かの定年就農者もあったが、「集落営農があって農地を引き受けてくれているので自分が農業をやる必要はないだろう」と考えたのか、就農者は少ないという想定外の結果が生じている。それぞれの家庭内においても、集落内においても、世代間のコミュニケーション、とりわけ、農業をどうするのかに関する世代間の話し合いが行なわれないことが原因と考えられる。

そんな中、農家の高齢の世帯主だけが参加する協同組織ではなく、非農家を含めた幅広い地域住民みんなが、男女や年齢の別なく、それぞれの個性や得意技を活かして活躍できる新しい協同活動組織の立ち上げが各地で始まっている。

3　中国農村の社会構成

中国の農村集落（中国では「自然村」と呼称されている）では、社会主義革命や人民公社体制、さらには文化大革命の過程の中で、前述した「血縁原理」に基づく宗族制度が解体され、協同活動がほとんど消滅してしまったように見える。

いや、そうではなくて、中国では伝統的に個の自立性が強い「自己責任社会」だったのかもしれない。

中国研究の専門家・岸本美緒は次のように論じている。

「日本人から見て中国の社会は、個々人がそれぞれの利害打算にもとづいてバラバラに行動する結束力の弱い社会に見えることもある。一方で、家族の団結の強さや友人同士で助け合う場合の親切さは、日本人のとうてい及ばないところであると驚嘆させられることもしばしばである。打算的にして倫理的、利己的にして親和的——こうした相反するイメージは、現代中国社会のみならず、明清時代の資料を読んでいても、強く感じられるものである。なぜ我々はこのように感じるのだろうか。この両側面は矛盾するものなのだろうか。」

との疑問を提示した上で、中国の近代社会学の草創期を担った費孝通《ひこうつう》の「差序格局」（1947）という論文を引用紹介している。

費孝通は次のように論じる。

『中国人はしばしば「私」であるとして非難されるが、それは中国人の無能や不道徳のせいというよりは、社会の「格局（組み立て方）」すなわち、自他の境目をどのようにつけるかといった点についての考え方が、他国人と違うからなのだ。西洋社会の組み立て方は、我々が藁《わら》を縛るときのやり方に似ている。まず一握りの藁を括って束にし、その束をいくつか合わせて縛り、さらにその大きな束をいくつかからげて荷を作る。この場合、ある一本の藁がどの束に属しているか、同じ束に属するのはどの藁なのかは明瞭である。束は次々と括られて大きな束となるが、束と束の境目は各段階ではっきりしている。人を藁に譬《たと》えれば、西洋の社会はこのように、内と外とを明確に分かつ団体の重層的な統合として作られている。これを「団体格局」と名づけよう。

それに対し、中国の社会では、団体の境目は曖昧である。「家」という言葉についてみても、英語でファミリーといえば夫婦と未成年の子供を指すのが常識であるが、中国で「家（チア）」と言った場合には、その指す範囲は伸縮自在であり、夫婦のみを指す場合もあれば親戚一同を指す場合もあり、さらに親族以外も含めて仲間内を広く指す場合もある。

なぜ中国では、もっとも基本的な社会単位ともいえる「家」の指す範囲からして、このように曖昧なのか。それは、中国の社会が西洋のような団体格局ではなく、池に石を投げたときに現れる同心円状の水紋のような構成をもっているからなのだ。各人はそれぞれその水紋の中心にあって、その水紋の及ぶ範囲の人間関係をもつ。中心から周縁に広がるにつれて、その関係はしだいに薄くなる。各人を中心に広がる水紋は、重なり合うが完全に一致することなく、またその広がる範囲もさまざまである。勢力のある人の水紋は遠くに及び、県や省を超えて広がることもあるが、勢力のない人の水紋の及ぶ範囲はせいぜい近所の数軒にすぎなかったりする。儒教の社会道徳論の中心的語彙である「倫」とは、「輪」の形に広がる波紋の一層一層の相対的な関係、その差等的な秩序を言う。個人を中心として薄まりながら広がってゆく社会関係——その重なりとしてのこうした社会の組み立てを「差序格局」と呼ぼう。

西洋の場合、人々は己の属する団体の内と外をはっきり分け、団体の秩序を守り、団体の共同の利益を増進しようとする。それに対し中国では、自己を抑えても守るべきそうした団体の枠がはっきりしない。儒教の経典の『大学』にある「修身斉家治国平天下（身を修め、家を斉《ととの》え、国を治め、天下を平かにする）」という言葉のように、ある者は自分を中心とした共同性を無限に推し広げ、国をも越えて天下のために尽くそうとする。しかし逆に多くの者は、天下はもとより国家のことも隣人親戚のこともかまわず、際限なく利己主義になりうるのだ。「至公無私」と「利己主義」と、その方向は反対であるが、その実、自己を中心に伸縮する「差序格局」の二つに側面が、この両方向に現れているのである。』

以上、岸本美緒「中国の『家』と社会団体」（岸本美緒・宮嶋博史『明清と李朝の時代』中央公論社版世界の歴史第12巻1998年所収）から引用した。

中国歴代の政権も人民統治のための村落制度を創設しようと試みた歴史がある。明朝の村落統制組織の里甲制度や、やがて清朝末期に成文化された「保甲《ほこう》制度」がそれである。近隣に居住する10戸をもって1甲とし、10甲（100戸）をもって1保とする。それぞれに信望のある者から甲長、保長が選ばれ、地方官の承認を得て責任者となる（任期は1年）。

しかし、これは人民支配を目的とする村落制度であって、日本の自治村落とは性質を異にする。辛亥《しんがい》革命後の内戦混乱時代を経て、1928年には国民党政権がほぼ全土を統一し、南京を首都とする国民政府が成立する。国民政府は地方社会を掌握する目的で、1931年に広西省から保甲制度の導入を開始し、1934年には全国へ広げた。これまでの保甲制度と異なり、中央政府の指令が直接郷村段階まで伝達される体制が整備された。

国民政府は教育を国家建設の最重要課題と位置づけ、1929年以降、教育機関（学校）建設・教育経費の拡充に努めた結果、1935年頃には小学校就学児童数は以前に比べて倍増し、就学率は30%程度にまで高まった。また当時20～25%と推計されている識字率の向上のため、教育部（日本の文部省にあたる）が漢字の簡体字を制定・試行した。

また、民衆を対象とした啓蒙教育の普及と農村改良を目指す「郷村建設運動」が、合作社（協同組合）運動と並行して河北省などで実践されている。郷村建設運動にはアメリカの民間財団の支援があり、合作社運動には当時の日本の産業組合中央会が視察団や研修の受け入れを通じて積極的に応援した。

当時の国際連盟保健機関（現在のＷＨＯ）も公衆衛生事業としての防疫体制の整備やアヘン禁止対策を支援した。このように、この時期の国民政府による社会改良事業は、国際的な支援も受けながら進められた。さらに１９３４年からは、蒋介石の主導による「新生活運動」という社会教育運動が展開される。

蒋介石自身も講演などで「中国の民衆は〝バラバラの砂〟、すなわち規律のない烏合の衆だと評されている。このような民衆を教化・訓導し、『国民国家を担う国民』へと養成しなければならない。国民には愛国心が無く、社会には組織が無い」と訴え、国民統合と民心の向上を目指したが、抗日戦争の激化もあって期待したような成果はあがらなかった。

１９３６年９月に上海で出版された『中国の一日』と題した書物（編集・出版したのは有名な文学者、茅盾《ぼうじゅん》）の中に、当時の中国の農村の実態を活写した文章が収められているので、要約して引用紹介しよう。書き手は、前述した郷村建設運動に取り組んでいる小学校長と思われる。

「識字教育のための教室の設備が新調早々、この日に盗まれ、机や椅子からドアまで持っていかれてしまう。『自転車に乗り、盗難の現場に行き、ひととおり調べた。ドアには鍵がかかっていたのにとられた。板は重くて一人の力では動かせない。賊の人数はきっと少なくないと思った。夜には犬もほえていない。盗んだのはたぶんよそ者ではなかろう』。かくて、かれは村の甲長を呼び出して事情を問いただすのだが、結局らちがあかない。そうこうして昼食をとっている時、今度は近くの商店が火事になった。だが、『おおかたの住民はただ傍観するだけ、騒ぎを見ているだけで、火を消している者が何人かいても、ごく近い親類か、自宅が類焼する心配のある者だけだ』。この田舎町には消防組織はないのである。『相互扶助の精神がなく、同情心の欠けたこうした民衆を、どうすれば改め訓練し、育てられるか。実に郷村教育をやる者の負うべき使命である』とかれはめげない。次いでかれは近くの村に行き、小学校設置のための『保甲長懇談会』に出席した。『出席者は、保長三人、甲長十七人、うち字の読める者は六人である。わたしは精一杯手を尽くして（学校を設けるよう）奨励したが、結局かれらは相変わらずの態度で、誰も責任をもってやろうとは言わなかった』。村の廟を学校に転用しようという案も抵抗を受け、結局その日には何も決まらなかった。」

以上、石川禎治『革命とナショナリズム1925〜1945』（シリーズ中国近現代史③岩波新書2010年）から引用した。

抗日戦争の前後および社会主義革命後に行なわれた日本の社会学研究者たちによる中国農村の実態調査の報告書や中国人研究者によるこのような著述から分かることは、中国民衆の思考・行動において民衆同士の相互扶助や自治・協同という活動がほとんど見られないということである。少なくとも、この100年間変わっていない、いわば気風やお国柄といえるのかもしれない。

このような中国農村の社会的構成を、図4―1に前掲した日本農村のそれと対比した形で提示すると図4―2のようになろう。

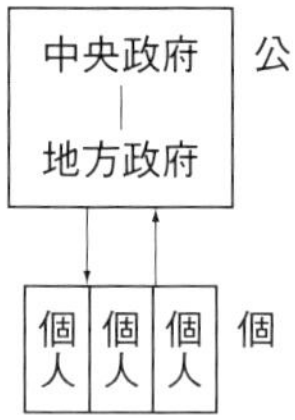

図4―2　中国農村の2層構造の社会的構成

両図を比べてみると明らかなように、中国では公権力が直接個々の民衆と対応する形になっていて、中間に共（協）の領域がない。

私たちは、このような中国社会の文化様式についてとやかくいう意図はない。ただ戴庄村において実践しようとしている「社区型合作社」を中核に据えた「共に幸福になる」地域づくり運動が、その目的を達成・実現するためには、戴庄村有機農業合作社が、これまで中国社会に欠落していた「共（協）」領域の組織として定着しなければならないと考える。

4　「ともに幸福になる」地域づくりを担う協同組合組織の確立のために

第3章第2節で既に論点整理をしたように、戴庄村合作社の現状はいまだに「公」が設立し、「公」が運営している段階にあり、協同組織としての内実を備えていない。これを、村民みんなの努力・協働活動を積み重ねることによって、「共」領域の協同組織に発展していかなければならない。

現状を悲観する必要はない。前節で紹介したように、既に村民の中から実態を批判的に評価し、具体的な改善案を提示する能力を持った人材が育ちつつあるのだ。日本の協同組合100年の歴史も、最初はドイツに学んで公が設立を指導し、公が運営を支援し、協同組合として自立するまでに30年を要しているのだ。

戴庄村合作社が次の10年の活動を通じて協同組合として自立するには、組合員の暮らしに密着した身近な日常活動の場から、学習し意識改革するのが確実な方法である。15の自然村を単位とするのも候補の一つではあるが、戴庄村においては既に六つのブロックを作業単位とする組織活動が定着していると判断されるので、このブロックごとに協同小組（名称は「実践組合」など、検討に委ねる）を設立する。前節で既に提案したように、この六つの協同小組を単位として、中型機械体系を設備していく。班長や理事も協同小組の互選に移行する。何回かの学習会やワークショップを重ねて、協同小組ごとに地域づくりビジョンをまとめ、表4−1のように村全体で取り組んでほしい項目と、自らのブロックにおいて協同小組の事業計画として実行していく項目とに仕分けし、村全体で取り組んでほしい項目は村へ提案する。

次の作業は各ブロック（小組）が主体になって実践する事業や活動の事業費を試算し、その財源（必要資金の調達）計画を立てることである。これには外部の有識者の支援も受ける。事業の性質によっては、公費の補助が貰えるかもしれないので、村や市にも相談して試算する。受益者でもある小組の組合員が負担すべき金額が明らかになったら、それを全戸でどのように負担すべきか、何通りかの案を用意して、話し合い、全員の合意で決定する。一度に支払うと各戸の負担が多額になる場合は、村の保証を受けて8割程度を農業銀行からの融資でまかない、10年間で返済する方法もある。

受益者自身も応分の負担をするという考え方は、これまでの中国の方法と根本的に異なるが、学習によって意識改革をして前進しなければならない課題である。このハードルを越えなければ「共（協）」の形成は不可能で、「公が決め公が負担し、公が運営し、公に従う」現状から脱却・前進できない。

村段階でも、大きな意識改革が待っている。各ブロックから提案された「地域づくり構想」のうち、前項と同じように村が事業主体になるものと、合作社が実施主体に

重ねてまとめた地域づくりビジョン（地域づくり構想）

実施主体（誰が）			取り組み開始予定		
小組	合作社	村	今すぐ	5年以内	将来
		○		○	
○			○		
	○			○	
○					○
○	○			○	
	○			○	
		○		○	

なる事業を仕分けし、村民委員会で決定する。

そのうち、村が実施主体になる事業の財源については、上級政府からの補助金を差し引いた額の資金調達について、これまでのように合作社の積立金を「流用」することをやめて、村民全体で負担する方法に切り替える。合作社の積立金は合作社の事業計画のため使用するのだから、村へ上納させることはできなくなる。

村民全体が、各人の能力に応じて負担する戴庄村独自の実質的な「村民税」の創出が不可欠であるが、村民の理解・納得を得るには多大な努力を必要とするであろう。しかし、これを回避しては、理想の実現は不可能であることを明言しなければなるまい。

表4−1　○○ブロック（○○小組）が学習会とワークショップを

将来の夢（できたらいいと思うこと）	
区分	具体的なプラン
安心して農業ができる環境づくり	圃場整備事業への取り組み
	集落営農組織の設立（後継者不足の解消と若い担い手の育成）
地域と共同で生産する特産品づくり	特産物の生産とブランド化（米、アスパラ、ニンニクなど、ハウス団地の整備）
	加工品の生産と開発（女性グループ活動支援など）
	直売所・農家レストラン（ネット販売、直売所などを設け、店のない地域を活性化）
地域住民で楽しく暮らせる交流活動	非農家との連携（桜の記念植樹で公園化、主婦への貸し農園や子供を含め地元交流・収穫祭開催）
	定年者や女性の力を活用（野菜づくりを行ない、地元行事や直売所、学校給食などへの提供）

注）これはあくまでも参考までに示した様式と記載例である。

中国の農村において、住民たちがこのような自治協同・共助共栄のしくみを育てていこうとする際に、有利に作用する二つの条件が存在すると考えられる。

第1の条件は、中国農村の「集団所有＝個別請負」という農地制度である。以下に述べるように、この農地制度は日本のそれよりも集落営農を推進するのに適している。

残念なことに、第1節で既に触れたように、増産意欲を刺激する目的などから徐々に規制が緩和され、実質的には「個別所有（私有）制」に近づきつつあることも事実である。しかし、社会主義中国の国制の理念として「農地の集団所有制（所有の主体は村民小組）」は堅持されている。

私たちが過去25年間、日本の農村において「農地の個別所有＝協同管理・活用」を基礎に据えた集落営農運動に取り組んだ経験を通して到達したのは、「農地の個別所有（私有）の矛盾は既に限界を超え、崩壊が始まっている」という認識である。そして、その矛盾の最善の解決策が集落営農である。

なぜ、そう考えるのか説明しよう。

日本では、資本主義の私有財産制度としての農地の私的所有制は、既に20世紀の初頭にその矛盾が「寄生地主制による地主＝小作関係」として浮上し、体制を揺るがす社会問題となった。また農村の窮乏は軍国主義的ファシズム体制を生み出す大きな要因となった。

こうした反省の上に、敗戦後の１９５０年代に「戦後民主化革命」の一環として、地主からその所有する小作地を強制的に買収して小作農民に再配分する「農地解放」を実施して、１戸平均１ha程度の「自作農」を創設、耕作者主義（農地は実際に耕作する農民が所有するという原則）に立脚する「戦後自作農体制」に再編することで、一度は矛盾を解消した。

しかし、その後半世紀を経過した現在、経済の高度成長とグローバル化のもとで、今度は農地の私有制の解体・崩壊というより根源的な矛盾に直面するに至っている。

２００９年、農地に関する基本法制である農地法が大改正された際、「所有と利用の分離」をコンセプトとする耕作者主義の事実上の放棄や、企業による農地所有を解禁するなどの現状追認的な対症療法的手段が講じられたが有効な対策とはならなかった。

資本家側からは農地法の廃止や規制の撤廃が公然と政府に要求されるようになり、50万ha近い農地が耕作放棄ないしは荒廃状態になっており、相続登記未了や所有者不明の土地面積が九州全土の面積に相当し、このままで推移すれば20年後には北海道の面積を上回るとの推計値が公表されるに至っている。

今や農地を個人が所有することは過重な負担であり、マイナスの財産となりつつあるのだ。人口減少や過疎化に悩む多くの農山村において、借り手も買い手も見つからない農地は管理不可能なので「市町村で購入してほしい、いや寄付するので貰ってほしい」という申し出や相談が増えている。市町村の担当者に対応を尋ねると、異口同音に「寄付されても管理経費が負担できないのでお断りしている」との回答が返ってくる。これが耕作放棄や荒廃農地が増加する背景にある。

いまや農地は「迷惑財産・負の遺産」と化して、何十万haもの所有者不明（消極的な所有放棄）農地が宙をさ迷っている。

集落や学校区（旧村）の段階で集落営農の話し合いを進めようとする時に、大きな阻害要因となるのは、農地改革後70年が経過する中で、私的所有で細分化された農地が、売買・相続・賃貸借・集落を超えた賃借や受委託が複雑に進行した結果、地域社会においてもともとは共有財産であった農地を集団的に管理・活用するのが困難になってしまっているという状態である。

いまや日本では、「農地の公的所有＝集団的管理・利用」体制への再編が必至となってきている。

このような日本農村の現状と対比するならば、崩れつつあるとはいえ、いまなお「集団所有制」の建て前が維持されている中国の農地制度は、農地の所有主体である村民小組を基礎単位（戴庄村の場合には6ブロックを単位）として組織する集落営農小組とその連合体としての「社区型合作社」による村づくりに好適である。

日本の経験を他山の石として学び、前車の轍を踏まないことを希望したい。つまり、集団所有制を解体して私的所有制に移行する道ではなく、農地の集団的利・活用路線を進めれば、自治協同の活力ある村づくりがよりスムーズに実現する可能性が大きい。

既に見たように、戴庄村では高齢化による労働力不足や貧富の格差（農業機械の購入能力）が背景となって、田植えや収穫作業が少数の有力農民に集中しつつあり、農作業の受委託から農地（の請負権）の賃借へ、そして事実上の売買へと進みつつある。

このような事態を傍観・放置するならば、戴庄村の目指す方向とは正反対の、貧富の格差の拡大と、農地を手放して離農・離村する農民の多発が懸念される。

かかる状態を未然に防止し、「共に豊かで幸せになる村づくり」を実現する有効な方策こそ、日本の「社会的協同経営体としての集落営農」の中国版である「ブロックを活動単位とする協同・共助のしくみとそれを統合する村域合作社体制」である。

そこへ進む場合、もともと「集団所有」の農地の請負権をそのまま「ブロック単位の営農小組」へ移管することでスムーズに農地の集団的協同活用体制がスタートできる。

第2の条件は、中国の地方制度である。これも前述したように、中国憲法が定める地方行政組織は郷・鎮までであり、「村」段階は自治組織と位置づけられている。提案したような共（協）的な性格を有する組織としての「社区型合作社」を育てていくことは中国の現代的要請にも合致するものである。

最後に、私たちは戴庄村を訪ね、多くのことを学ばせてもらった。お礼の気持ちを込めて、全体としての助言や提案をまとめさせていただくことにしたい。

【戴庄村での実践への共感・期待と助言】

戴庄村での実践活動は、一部の少数者のみが豊かになり、多数は貧窮する路線ではなく「地域住民が支え合い、みんなが参加し、小康を求める理想郷建設」路線であり、日本の集落営農運動と共通する。

戴庄村モデルが全句容市、全鎮江市へ広がることを期待したい。

戴庄村合作社をより強固にするための課題

（1）合作社財政の確立――自己資本の充実と蓄積

（2）組織運営を担う人材の育成

（3）生産技術の向上・共有のために組合員を組織して継続的な学習活動を行なう
水稲部会・果樹部会・畜産部会・園芸部会など

（4）個別生産者の機械過剰設備を予防するため、大型機械・施設は合作社が導入して、組合員は協同利用するしくみを確立する

（5）良質の生活物資をかしこく消費するための共同購買店舗兼安全で美味しい生鮮農産物を地域住民が優先して購入できる「地産地消運動」の拠点としての地域直売所を開設する。

（6）村民委員会と連携協力して、高齢住民のための巡回診療サービス、介護支援事業を運営する。

（7）家族農業の自立のために複式簿記と家計簿を普及し、生活改善運動と村民学習講座を開設する。

（8）「みんなが豊かになる村づくり」の経済活動を担う合作社の持続的発展のため、村財政と合作社会計を明確に区分し、相互支援・協力のルールを確立する。

今後の発展・前進を期待する！

5　その後の3年間の大きな変化――2015〜2017年

本文で述べたように、私たちが戴庄村を現地調査したのは2015年の4月と6月であった。したがって本書の内容は2014年度末までのデータや聞き取りによって得た情報に基づいたものである。それからちょうど3年が経過した2018年3月、趙亜夫さんが来日された際に、その後の村や合作社の歩みや変化について直接お尋ねする機会を設けていただいた。

以下にその概要を略記して補論としたい。

(1)「開発」の大波が離農・離村を促進

私たちが訪ねた3年前の戴庄村は、疾走する中国の賑やかな経済発展地区からは2、3歩離れた、静かで緑豊かな田園地帯のたたずまいだった。

ところがその直後に、省都南京から天王鎮・句容市を結ぶ地帯が省の「大規模地域開発プロジェクト地区」に指定されたという。

開発の社会インフラの整備のため、南京の地下鉄が句容市の中心部まで延伸されることになり、既に用地買収や工事が始まっている。天王鎮や袁港の中心地区には立退き者用の高層住宅が何棟か完成し、さらに建築工事が続いているという。開発工事に関連する労働力需要が急増して、近隣はもとより遠隔地からも多くの出稼ぎ農民たちが就労している。

この「開発の大波」は静穏だった戴庄村にも押し寄せ、「激変」とも呼ぶべき大きな変化をもたらしている。

その第1は、離農の動きが一挙に進んだことである。戴庄村の農家数は2015年には866戸（実質的には約800戸）だったものが、2017年末には約200戸（自給農家を除く）、2018年末には約100戸（同）にまで激変するというのが趙さんの見方である。

もっとも、離農といっても、その3分の2近くは、米づくりを合作社に委託して自給用の野菜は栽培している状態も含んでいる。

日本でいう「販売農家」に近い約100戸のうち、畑作・園芸中心の主業農家が35戸、残りは兼業収入の方が多い農家というのが趙さんの見立てである。

第2の変化は、「離村」が加速したことである。前記の「離農」者のうちの約3分の1は、他産業就労への利便や子供の教育を目的に天王鎮や袁港の新築住宅（まだ空室が多いので割安で入居可能）や句容へ移るため離村してしまった。この3年間の離村者は200戸近いと推計される。

その影響を強く受けたのが自然村の「頂冲」で、もともと人口が少ない集落だったのが遂に無人になってしまったとのこと（この地区の跡地利用については次項で触れる）。

（2）「激変」をどう受け止めるか

意外なことに、趙亜夫さんは離農者の増加は戴庄村の村づくりにとってプラスだとみている。その考え方はこうである。

戴庄村が貧しかったのは、1戸当たりの耕作面積が小さすぎた（農家800戸に対して水田600ha）ためで、これでは都市との所得格差を解消するのは難しいと考えていた。離農・離村が進行して販売農家が100戸程度になれば、その耕作面積は1戸当たり50ムー（3・4ha）～100ムー（6・7ha）になるので、その農家所得を、冬期間の農外所得を含めて8万～10万元（136～170万円）程度に増加することが期待できる。

そうなれば、句容市の都市住民の年間所得が5万～8万元と推計されているので、所得格差の解消が可能になる。

また、無住地となった頂冲については、村で跡地を農地に造成して、合作社が農業生産に活用する計画である（中国では農地面積の減少を防止するため、開発によって農地を転用・潰廃した地方政府（市）は、自ら経費を負担して同面積の農地を造成することが義務付けられているので、この制度を利用すれば戴庄村の経費負担は不要であるとのこと）。

趙亜夫さんの説明を聞いた時、筆者は日本農村の構造問題を巡る政策論の歴史を思い起こして複雑な気持ちになった。

1920年代以来、日本の農民が貧しいのは1戸当たりの経営規模が小さすぎるという考え方が主流であった。資本主義化で殖産興業政策がとられ、「向都離村」の潮流が続き、第一次大戦後の好況の反動から、昭和農村恐慌の嵐が吹き荒れた。当時、「農村過剰人口」、「過小農地帯」、「適正規模論」などの用語が論壇を飛びかった。

その解決策としてとられたのが、農地の拡大（干拓・開墾）や安直な海外移民、経済更生運動による協同組合の普及など。戦時食糧増産政策や戦後の農村民主化政策をはさんで現在の「構造政策」（農家数を減らして「担い手経営体」の経営規模を拡大）へと継続している政策である。

日本の農山村の現状はといえば、過疎化は限界点に達し、若年人口の枯渇が深刻となり、少数の「担い手経営体」は労働力不足から外国人労働者の雇用が不可欠になっている。人口減少により、商店・学校・病院・公共交通などの生活インフラの維持も困難になっている。農林水産省が「構造政策のモデル」という北海道は、農家の85％が離農した結果、地域社会の維持が限界ギリギリになった「負のモデル」になりつつあるのではないか。

中国の農村には、この前車の轍を踏むことなく、理想農村建設のモデルとなってもらいたいものだ。

（3）合作社の事業運営の見直し

筆者が前節で指摘した課題や提案に関わる見直しや改善が、この3年間でいくつか実施されている。

①作業受託面積の上限設定

稲作の機械作業を3戸の大規模農家に集中的に委託する形になっていることについて、その問題点が明らかになった。すなわち戴庄村の水稲の反収が低い原因が、家族農業と比較して3戸の大規模農家の反収が低すぎることにある（作業面積に対する労働投入が低い粗放耕作）ことが確認された。

そこで、対策を検討した結果、合作社の機械作業は「家族労働力で耕作可能な面積を超えて委託しない」という「上限」を設定した（2016年から）。

既に借入金を利用して大型機械を購入している大規模農家については、村内での受託面積の減少分を村外からの受託面積の増加で補えるよう指導・支援している。

②合作社による機械・施設の取得

個別農家が大型機械を購入しなくてもすむように、大型機械・施設の取得を行なうことにした。最近の2年間に合作社が取得した主要な機械・施設は次の通りである。

田植機…………5台
コンバイン……1台
トラクター……1台
育苗用ハウス…計10 ha
製茶工場………2018年完成予定

この結果、合作社の機械・施設を利用して村内の水稲面積のほぼ2分の1をカバーできる体制が整った。

これらの設備投資のために必要な資金は、戴庄村合作社が中央政府の「モデル合作社」の指定を受けたので、取得額の8割の補助金が貰えたとのことである。

③二期作への転換でコスト削減

水稲の生産コストを削減することで販売価格の引下げが可能になり、新たな販売先の開拓につなげられる。生産コストを下げるため、2017年に試験的に二期作を導入したところ満足すべき結果が得られたので、2018年産から栽培面積を大幅に増やして本格的に導入し、2019年には条件に適した水田は全て二期作にする。4月前半に移植して7月に収穫、2期目は10月中に収穫する。用水さえ確保できれば、積算温度は問題ないことが実証された。

④新たな販売先の開拓

二期作の導入によって販売価格の引下げが可能になったので、新たな販売先の開拓に努めている。手始めに南京市内の大企業2社の社員食堂へ、エージェントを通さず直接納入する大口契約が実現した。今後も新販路の開拓努力を続け、贈答用需要への依存割合を減らしたい。

⑤有機桃の販売手数料の引下げ

組合員から批判が出ている桃の販売手数料については、1斤（500g）8元（136円）の販売価格のうち合作社の手数料を2元（手数料率25％）に下げた。

趙さんによれば、以前の手数料は2・5元（手数料率31％）だった。生産者が50％とか60％とか述べたというのは、「手数料が高いことを強調するため、また合作社担当者への個人的な不満も含めたものと推測され、明らかに誇張」との説明だった。

面談の最後に、筆者から東北地方の正組合員が800人程度の小規模な総合農協の事業報告（総会資料）を手渡し、このような事業報告書を作成して組合員に配布し、情報の共有と目標の明確化に役立ててはどうかと提案した。趙さんは、かねて資料の作成が必要だと考えていたところで、日本の農協のような詳細なものは無理だが、2018年度から10ページ程度の分かりやすい報告書を作ってみたいと応じた。

別れ際に、「宿舎で原稿の写しを通読させてもらい、大変勉強になりました。中国で『協同』を語るのは、まだ10年早いと思います」と語った趙亜夫さんの言葉が印象に残った。

6　改正された農民専業合作社法のポイント

２０１７年12月に中国全人代常務委員会で可決・成立し、２０１８年7月から施行された新しい農民専業合作社法の主要事項を、日本語訳で紹介する。

(1)農民専業合作社の定義　農家による生産請負制を基礎として、農作物の生産経営者または農業生産経営関連サービスの提供者・利用者が自発的に連合し、民主的に管理を行なう互助的経済組織（第2条）

(2)業務内容　合作社はその構成員を主たるサービス対象とし、①農業資材の購買・使用、②農産物の生産・販売・加工・輸送・貯蔵及び関連サービス、③農村民芸品、レジャー農業、グリーンツーリズムの開発・経営、④農業生産経営関連の技術・情報・施設運営に係るサービスのうちのいずれかまたは複数の業務を行なう（第3条）

旧法との大きな違いは、旧法の「同種の農産物に限定する」という業務範囲」に関する規定を撤廃し、幅広い農家や関連事業者が参加できるようになったことである。しかし「専業」という名称は変えられなかった。また、業務内容に信用事業は認められなかった。

(3)構成員　民事行為能力を有する国民及び合作社の業務と直接関係する生産経営活動に従事する企

業・団体等は合作社の提供するサービスを利用でき、合作社の構成員になることができる（第19条）。ただし、構成員の80％以上は農民でなければならない（第20条）。設立に必要な構成員の要件は5名以上（第12条）

⑷農民専業合作社連合　合作社は、生産・サービスの規模拡大、市場競争力の向上等のため、連合組織を設立することができる。連合組織は、3以上の合作社が自発的に出資することで設立できる（第9条、56条）

この「連合社」に関する規定は、今回の改正で新たに設けられたものである。なお、設立登記をした後に休眠したままの合作社や管理体制・財務処理に問題のある合作社が少なくない実態に対する対策として、合作社は年度報告を登記機関に提出しかつ社会に公表することを義務付け（第17条）、また2年間連続して経営活動を行なわなかった場合は営業許可を取り消す（第71条）ことを規定したことも、今回改正の大きな眼目である。

附　章　趙亜夫氏へのインタビュー

（2015年8月9日　於：東京　農文協事務所）

趙亜夫氏

この記録は、2015年8月9日、東京赤坂の農文協に趙亜夫氏をお迎えし、楠本、中島に農文協職員も加わりインタビューした内容の抄録である。

■貧農の子に生まれ

――戴庄村をはじめこれまで鎮江市内外で趙亜夫さんが展開されてきたことを知れば知るほど、趙亜夫さんはどこに生まれ、どのように育ち、農業・農村指導の道を歩むようになったのか興味は尽きません。ここでは、人間・趙亜夫について、率直に語っていただきたいと思います――

私は1941年4月に江蘇省の南の農村地帯、常州市の武進で生まれました。上海から南京にかけての江南地域は、1930年代に一時的に戦争がやんだこともあり、民族資本による紡績や綿織物、鉄鋼などの産業が興り、活気があり非常に安定していた地域でした。都市と農村も近く、農村の人々も上海や無錫《むしゃく》などに盛んに働きに出ていました。特に若い人は、女の人は紡績工場、男の人は鉄工場へと言われるように、いま以上に町に出て働いていました。

私の家は代々ここで農業をしていましたが、ちょうど私が生まれる頃、両親は叔父・叔母たちと一緒に町に出て、働き始めたと聞いています。町に出るといっても、常州の街は近かったので、父は田んぼの仕事をしながら商店の従業員になったと聞いています。

私は2人兄弟。もう1人姉がいたのですが、幼い頃に亡くなってしまい、弟と2人兄弟で育ちました。私は4歳の時、母を亡くしました。それで父は勤めを辞め武進の自宅に戻りましたが、私は常州にあった母親の実家で育てられ、学校は常州の街にあった小学校に通い、土日や夏休みに実家に帰るという暮らしをしていました。

私が生まれ育った時代は、中日戦争の時代です。上海と南京が戦場になり、その中間地帯であったここらは、直接の戦場にはならなかったけれど、社会が混乱し、さまざまな社会機能が停止しているような状態でした。

――農家のご出身とのことですが、どのような規模の農業だったのでしょうか――

私の家は、田んぼが3ムーあまりの面積の自給自足の農家でした。のちの農地解放の時、我が家の階級区分は「貧農」で農地を貰う立場の農家でした。といっても、小作はしていません。もともとこの江南地域は、農地の面積は狭いものの、地主が少ないところで、女の人は蚕を育てて機織りをし、男の人は町に出て工場で働きながら、安定した平和な暮らしができたところでした。そういう意味で江南地域は、もしあの戦争がなく、順調に社会経済が発展していたら、1980年代に中国が取り組んだ改革開放政策も、1930年代から始まっていただろうと思えるところでした。

■新中国の思い出と農への志

――そういう江南地域で育った亜夫少年にとって新中国はどのように映ったものでしょうか――

中国革命が起こったのは小学校5年生の時です。子供心に鮮明に覚えているのが、学校の先生が変わったこと。革命以前の小学校の先生は厳めしい顔つきで体罰も多かったのですが、革命後の先生は子供を尊重する、というか非常に優しくなったという記憶があります。町の中にスリや強盗もいなくなり、いまでいう風俗や麻薬を吸う場所もなくなって明るくなった感じ。食べ物や生活用品などの値段も安くなっていたので、〝革命とは良いものだ〟という認識を子供なりに持ったものでした。

農村では、農地解放で土地を貰った貧農と、土地を吐き出させられた地主・富農の間で、一時やや険悪なムードになったところもあるようでしたが、我が家などは土地を貰った立場でもあり、父親はたいへん喜んでいた記憶があります。

しかしそういう良い時代も長くは続かず、1953年には「統一買付・統一販売制度」が実施されたことや、農業の合作化推進と人民公社への集中などの大躍進政策の影響で、食料の逼迫感が農村も都市も全体を覆うようになっていきました。

農地が増え少しでも農民の暮らしにゆとりができた、いわゆる〝良い時代〟と言えるのは1958年頃まででしょうか。それ以降は、中央からの厳しい生産ノルマと、地方の幹部による生産高の過大申告により、農村・農家にもどんどん食糧がなくなる状況になっていきました。


――そういう大躍進の時代の中で、趙先生ご自身の進路選択はどのようにお考えになったのでしょうか――


社会主義中国になる前は〝小学校を出たらたいしたもの〟と言われ、社会主義中国になってしばらくは、〝中学校まで行けたらたいしたもの〟と言われていました。それが1950年代の終わり頃になって、村の子弟の何人かが大学に行けるようになった。もちろん入学金や授業料は無料です。私が大学に行ったのもちょうどこの頃、村で初めての大学進学でした。入学したのは無錫にあった4年制の宣興農林学院。この学校は江蘇省の丘陵地帯の農業振興のために作られた大学でした。

私が農林学院を志した理由というか背景は、いまになって振り返れば三つあるように思います。

一つは、この地域の伝統というか気風というものに関わるのですが、この江南地域はもともと豊かな地域で知識人も多い、いわば文化レベルの高い地域でしたから、ここで育った私も、伝統や道徳を重んじ、人と助け合うことは大切なことと思っていました。

二つは、共産党は貧しい人々を救うため、たくさんの犠牲を払いながら政権を獲得し中国を解放した、という社会主義教育の下で育った影響です。

三つは、私が入学した1958年9月は、人民公社がスタートし食糧難の気配もありましたので、〝貧しい人を助けなければ〟という思いがありました。

実際入学しても、1年間は宣興の学校には行かず、教師や入学した学生ともども宜興の農村に入り、農家に泊まり込んで農家の手伝いをしました。農村復興の手伝いが、大学教育のカリキュラムとして組まれていたのです。ちょうど、3年連続の自然災害（1959年、1960年、1961年連続の大干ばつ）の予兆もあり、私自身この目で餓死する農民の姿を、目の当たりに見たこともありました。

――それはまた、大変な原体験ですね――

そういう体験の中で、農業を勉強し農家・農村の改善に尽くせるように頑張りたい、という気持ちを固めてきたと思います。先生も一緒に農家に泊まり込んで、農作業の手伝いをしていたのですが、その時「農家はもう1人の先生、田や畑は教室なのだ」と、同宿していた先生に教えられたことは忘れられません。そういう意味では、農村復興の体験は一種の教育革命でもあったように思います。

もちろんみんながみんな、そういう思いを持っていたわけではないと思います。宜興農林学院に一緒に入学した学生は50数人いましたが、そのうち卒業したのは17人だけでした。やはり、大変な体験でもあっただろうし、何より農業を好きになれなかったのだろうと思います。

農林学院での勉強は、米、麦、サツマイモなどの作物に関することが中心でした。そもそもこの学校を作った当時の江蘇省の幹部は、かつての新四軍出身の人達が多く、この人たちは丘陵地帯の土地や水、農業の状況を非常によく知っていた。そして、この丘陵地帯に適した作物を中心に、農業振興に取り組む指導者を育てるという、気風があったと思います。

――そこで卒業後は、農業・農村指導の道に入った――

宜興農林学院を卒業してすぐ、江蘇丘陵地区鎮江農業科学研究所（以下、鎮江農科所）に勤めました。ここは農業技術の研究とその成果を農民に普及、指導する機関で、日本で言えば試験場と普及所を一緒にしたような組織。江蘇省にはこのような研究所が、地帯別に8カ所ありました。

鎮江農科所は、私が入った当時は40数名の所員規模でしたが、多い時には100名くらいまで増えたこともあります。取り組んでいたのは、稲、麦、綿、ナタネ、畜産では豚が主な研究・指導対象。そういう中で私は、最初に麦の育種を手掛け、次に稲の育種や栽培にも取り組みました。一貫して食糧作物を中心に研究と普及に取り組んできました。

当時の中国の農業指導の体制は、地区、県、人民公社それぞれの中に、技術者で構成する普及担当部署があり、この普及担当の人たちと、研究所の普及担当が一緒に農村を回り、技術指導する形になっていました。

■日本との交流

――一貫して鎮江市の農業農村指導に携わってきた趙先生にとって、日本の農業・農村はどのように映ったのでしょうか――

初めて訪日したのは1982年の春、41歳の時です。目的は稲の研究のためでしたが、江蘇省対外友好協会が愛知県日中友好協会と連絡を取り、安城市農協（現・JAあいち中央）に研修先を引き受けてもらい、1年間の訪日研修が実現したのです。

安城市農協に来てまず驚いたことは、農協がさまざまな施設、装備を持って農民にサービスを提供していることでした。来日したのが春で、私が最初に見た作業はコンバインによる大麦の収穫です。ある日雨が降っていて、これでは刈り取りは無理だと思っていたら、結局夜まで作業を続け、カントリーエレベーターに搬入しているのです。しかも、重量も水分もちゃんと計測されて収納している。これには、感心しました。その時は、機械化が進めばどのような条件の中でも農業はやれるのだ、と思ったものでした。

――当時安城市農協は、地域の総兼業化に対応した統合的な生産対策として、農協が機械投資をして地域農業のシステム化を推進していて、その成果・可能性が日本国内で美しく描かれていた頃だと思います。そういう意味では、人民公社が消滅した当時の中国にとっては、安城の事例は非常に参考になった。日本の組織・技術が役に立つ、ちょうど良い時に、最も良いところに研修に入ったと言えるのではないでしょうか――

渥美半島の施設園芸も何度か視察しましたが、ここの高収益農業には、本当に驚きました。当時の中国の農民は稲と麦ばかり作っていましたが、渥美や豊橋の施設園芸を見て、日本の農家が豊かなのはさまざまなものを作っているからなのだ、とつくづく思ったものです。その時、イチゴも生まれて初めて食べましたが、「これを作れば中国の農民もお金を稼ぐことができる‼」と思ったことを覚えています。

そして、『現代農業』と橋川潮先生との出会いです。先生を知ったのは、研修先の農家が『現代農業』を購読していて、たまたま見た『現代農業』に橋川先生が疎植稲作の連載記事を書かれていた。私も鎮江農科所で稲の疎植栽培について研究をしていましたし、人民公社ができる以前は鎮江管内でかなりの成果を上げてもいました。そこで実際に滋賀県のご自宅に伺い、橋川先生から直接、指導を受けることもできました。それ以来、橋川先生や『現代農業』との付き合いは、ずっと続いていました。

――安城で米麦生産のシステム化を勉強し、豊橋・渥美で施設園芸を勉強し、さらには『現代農業』を通じて橋川さんと出会う。ということは、いま戴庄村で展開しているメニューが全て揃うような研修だったのですね――

中国で農業政策とか農業振興と言う場合、それはすなわち米麦などの主食に関することで、幹部や農業指導者の意識は、もっぱら主食を増産することにおかれていました。このような志向は、たとえば1980年代に近代化の進んでいた沿岸部でも同じで、野菜、果樹などの商品作物を奨励したり、作付けしたりすると、指導機関から反対される。野菜などへの関心は低く、市政府の農業局の職員ですら、市内にある野菜の市場に行ったこともない、というありさまだったのです。こういう状況は、その後私たちが2005年に「句容市農業農村経済発展戦略計画」を作った時も、基本的な認識は変わっていませんでした。

ところが安城市農協の研修では、話の切り出しが市場の動向なのです。地元名古屋や大阪、東京の市場における安城産農産物の価格やシェアなどの動向を話しながら、産地としての自分たちの課題を説明し、この課題に対してどのように取り組むのかと、問題提起をしている。営農指導員が、こんなにも市場の動向について知っていることに、非常に驚きショックを受けたものでした。

また、日本では、農協の営農指導員と行政の農業改良普及員との役割分担が明確にされ、うまくかみ合っていることにも感心しました。特に農協は、無条件委託販売制度により、高く売れれば農民も農協も儲かるわけで、農民と農協との利害が一致し、うまく連携がとれているものだと思いました。この点中国は、販売が組織化されておらず、誰がどのような役割を担うかも明確になっていない。いやそれ以前に、市場に全く関心を持たないという状況だった。そこで私は、中国に帰ったら農科所の職員には販売や流通に関心を持つように指導する必要を痛感するとともに、日本の農協を見て実感した〝販売ができる組織〟、中国で言う専門合作社の必要性を強く感じました。

■作物ごとの振興から地域の視点へ

――そのような課題意識を持って帰国して、どのようなことから取り組んだのでしょうか――

1年間の訪日視察研修が終わり1983年春に帰国した私は、すぐに鎮江農科所の所長に就任しました。当時、鎮江農科所の研究・指導体制は、人員の95%が米麦中心の食糧作物と油料、豚で占められていましたが、所長就任後、私はすぐ編成替えを行ない、所員の半分は従来の作物・家畜とし、残りの半分はその他の園芸、畜産、果樹の分野に充てるようにしました。

その上で、まず着手したのがイチゴです。農業技術書とイチゴの苗を帰国のお土産にしていた私は、1984年に農科所の圃場で試験栽培し、成績が良かったので1985年から農家にイチゴ生産に取り組ませました。品種は宝交早生。日本ではハウスで栽培していましたが、句容では露地栽培としました。収穫は4月から5月にかけて。当時、1ムー当たり500kg以上の収量で、1kg当たり1・6元から2元ほどで売れ、1ムー当たり1000元の売り上げになりました。当時、米では1kg当たり0・24元だったので、農家はがぜんやる気になった。その翌年は、3~5ムーに栽培面積を増やす農家も出て、いわゆる万元戸も出現するようになりました。イチゴ栽培は瞬く間に句容市中に広まり、多い時(1989年)には2・5万ムーにもなり、句容市は「イチゴの里」と呼ばれるようにもなりました。

――そのように地域全体に生産を広げていくには、どのような指導、推進の体制を作っていったのでしょうか――

当時の生産大隊や生産隊には技術者が必ずいて、この人たちは私たち農科所の技術者と友達です。そういう技術者を通じて、苗や栽培方法などを広げるのです。実際には、やる気のある生産大隊や生産隊の技術者に自分で栽培してもらい、それを実証圃として周りの農民に見せて広める方法です。というのも、当時はまだ主食の生産に政策・指導の重点がおかれていて、イチゴなどの園芸作物振興への抵抗感もあり、地区や県などの指導系統を使えなかったからです。

販売は、生産量が少ない時は道端販売で問題なかったのですが、生産量が急激に増えて販売が追いつかなくなった時は、抗議の意味で、農民が売れ残ったイチゴを句容市政府にトラクターで持ってきたこともありました。そこで、約3分の1は上海に出荷し、残りは道端販売や地元で販売する方法をとりました。

このように私は、農科所の組織と人員を動かし、品種や資材、栽培方法の試験を行ないながら、鎮江・句容の土地に合い導入できるものを、組織的に農家に普及していきました。その結果、特に句容市を中心に、イチゴなどの野菜やブドウ・桃などの果樹の栽培により約4万戸の農家を豊かにすることができたと思います。

――それは、当時の中国にあって画期的な成果なのではないでしょうか――

成果と言えば成果ではあるのですが、しかし豊かになったのは、その作物を作っている農家だけで、村に暮らす農民みんなが豊かになっているわけではないのです。

振り返ってみれば、帰国後の1980年代、私は作物ごとに農家を指導し、生産の振興を行なっていました。しかし、1990年に入ったあたりから、農村地域全体をどうするかを考え始めるようになっていました。特に1993年には、鎮江市人民代表大会副主任（日本で言えば、鎮江市議会副議長）に就任し、地域のあり方を考える立場も権限も得ることになり、この思いはますます強くなっていました。

この頃私が指導して、句容市内で桃農家、ブドウ農家、イチゴ農家それぞれのリーダーに農業専門合作社を作らせました。しかしその合作社は、地元の政府や村の組織（村民委員会）と、往々にして対立的な関係になってしまうことが多かったのです。またこの合作社は、地域のこと、集落のことなどを考えることがほとんどなかった。やはり自分の所得、儲けが一番の目的で関心事だったのです。もちろん、そう考えている人たちを責めるわけにはいかないと思ってはいましたが、地域、農村全体を豊かにするには、これではいけないと思うようになりました。

■戴庄村へ

――そのような実践を経て、戴庄村に自ら入ろうと決意なさったのですね――

定年退職した2001年に戴庄村に入りました。戴庄村を選んだのは、長年、鎮江市管内の農業指導をする中で、この村が最も貧しいところであったからです。水利が悪く、水田も少ない上に、交通の便が悪く都市にも遠い。しかしこのことは、逆に考えれば、他の条件ではなく農業で伸びていかねばならない村だし、土地もあり、農業を行なう環境、条件は揃っているということです。このような最も貧しいところで成功、つまり農村振興の実証ができれば、説得力も高まり、農村振興のモデルになりやすいと考えたのです。

――それにしても、市人代の副主任を務めた幹部が、直接村に入り振興に携わるということは、中国でも稀なことではないのですか――

もともと中国には、農村革命で国を造り変えてきたという伝統があります。中国革命で共産党が国民党から政権を奪うことができたのも、農村、農民の支持を得ることができたからです。そういう中国の伝統から、指導者が長期間ある特定の地域に入って実践、指導するということは昔からありました。たしかに、文革以降そういう伝統が失われてきたようにも思いますが、私にとっては退職後にボランティアで農村に入ることは、特別なことではありませんでした。

もっとも、村に行けば私の想いは村人たちに受け入れられる、と淡い期待を抱いていたわけでもありません。実際に、入った当初の反応は、いまでは考えられないほど冷たいものでした。

――そういう村に入って趙先生は有機農業、有機栽培を勧めていったわけですが、なぜ有機農業にそれほどこだわりを持たれたのでしょうか――

日本に研修に来て、私は日本の農産物の品質が良いことに非常に驚かされました。どうしてこんなに（中国と）違うのかと見てみると、日本の場合は栽培している圃場の環境が非常に良いことが分かりました。農薬もあまり使わず、化学肥料もそんなに使わない。中国の場合は、農薬、化学肥料を使い収量は上がったものの、食べものとしての品質はどうか。それなら、低投入で栽培環境が良く、品質の良い農産物を作るには、と自然と有機農業を考えるようになっていました。

また、慣行栽培の農産物の質が日本に比べてかなり低い中国では、有機栽培として栽培方法を根本から変えると、味がずいぶん変わり、美味しくなるのです。加えて、価格の違いが日本以上に大きい。安全への配慮ももちろんありますが、味が変わるということは食べて分かるので理解しやすい。桃も、普通の桃なら1kg2元程度ですが、有機栽培なら16元でも売れるし、よく買って行ってくれるのです。だから収益性は、有機栽培にすると倍くらい良くなる。

中国の場合――戴庄村も同じですが、さしあたって農家を動員するには、所得向上の話をしなければ誰も振り向かない。そして、実際にやってみせなければ誰も信じないのです。戴庄村では杜中志さんを「損したら補填するから」と説得し、有機の水蜜桃と有機米の展示圃に取り組んでもらった。その結果は、在来農法の米の相場が1斤1元の当時、有機米は1斤8元で売れ、3年後に収穫した水蜜桃は、相場が3斤1元のところ有機桃は1斤5元と、「夢みたいな価格」と騒がれた。栽培した村内の農家が大金を手にしたのを見せて、有機栽培に関心を持つようにしていきました。

■戴庄村有機農業合作社の設立へ

──その成功が、有機農業合作社の立ち上げにつながったのでしょうか──

戴庄村有機農業合作社は、「有機農業」を名乗っているので、有機農業しかやらない合作社と思われがちです。しかしこれは、立ち上げた2006年の段階では農業専門合作社しか認められていなかったため、私としては、どうしても社区型合作社（＝集落型、全村民参加型）を認めさせるために、「有機農業」の文字を入れたのです。そういう意味では、最初から有機にこだわって設立したのではなく、あくまで集落型の総合合作社を作ることを目的にしたものでした。

先ほども申しましたが、1990年代の作物ごとの農業専門合作社では、地域や集落を考えるという方向に向かわず、個々の経営確立に向かってしまった。そこで、ではどういう組織を作り、どういう人をトップにし、既存の組織との関係も考えながら、2001年に戴庄村に入り、2006年に社区型の組織を立ち上げたのです。ですからその合作社は、共産党支部や行政組織である村民委員会とも連携した、いわば〝三位一体〟となるような組織運営に、あえて、したものなのです。

──社区型の合作社というものは、村民においては自治の形成、協同する形や意識を育むための組織となるわけですが、その必要性と可能性はどのように考えたのでしょうか──

合作社がなければ、中国の農村は都会と変わらないほどバラバラです。普段からの付き合いもそんなにないし、何かを一緒にやるということもなかった。しかし戴庄村では合作社ができたことで、合作社の事業がうまくいけば自分たちの暮らしも良くなるということが分かり始め、協力していこうかという意識は芽生え始めたと思います。まだいまは、生産面のことが重点で、現実的にはまだまだ不安定なことがある。これからもう少し多様なことに取り組んで、バラバラではない協同精神の育成や、長野県の田切農産がやっているような協同の活動というものを学び、取り組まねばなりません。

ただ、合作社に対して村民は、二面性というか二つの思いがあるように思います。

一つは、合作社ができて良かったということ、これは共通している。特に米に関しては、売ってくれているし感謝している。

しかしもう一方、合作社の利益と個人の利益がいつも一致するわけではなく、時には対立する場合もある。村民の気持ちとしては、合作社は自分たちに対してはなるべく大きなサービスを提供してほしいと望むのだが、自分が合作社に貢献することはなるべく小さくしたい、という思いが強いのです。これは、中国の農民の共通認識として、自分たちが何らかのお金を払えば、それはあんたら（＝幹部）の飲み代になるのでは……という不信感がある。戴庄村でも、合作社の経理はお金の出入りについて全て公表しているにもかかわらず、そういう不信感、猜疑心は残っていると思います。

——集落型の合作社として戴庄村の組織が取り組んだことは、全体的には成功していると思います。しかし現地で聞いたお話では、合作社は国の政策が変われば存続できない可能性もあり、今後どこに行くか分からない組織とも言えるのではないでしょうか。その場合大切なのは、農民が合作社を自分たちの組織だと思い、自立化させていくことだと思うのですが――

合作社の今後については、一つは国の政策がぶれるとどうなるか、二つ目は合作社の経営自身がうまくいかなくなった場合、三つ目には私自身が指導できなくなったらどうなるか、という問題があると思う。3番目の問題は別にして、まずは経営的な健全化、つまり合作社の自立化を進めなければならないと思っています。

■自立と自治の課題を見つめ

――合作社は本来、自立した組織です。運営上、党や村とうまく協調し、地域のことを考える合作社を作ろうとしてきたのは理解できるのです。しかし、その路線＝三位一体をいくら追求しても、やはり党や行政の付属機関としての性格が残り、合作社の自立はできないのではないでしょうか――

この問題は、二つに分けて考えていくことが必要だと思っています。

一つは、共産党の指導体制と村民自治との関係。合作社も含め、共産党政権下という現実の中で展開せざるを得ない。たしかにそれ自体複雑なことになるのですが、しかしこの現実は無視できないのです。

ただし二つ目として、長期的に見れば、少なくとも行政村段階では、自治の方向に向かうことは間違いない。そして、行政村での自治の度合いが高まるにつれ、合作社の自立も高まっていくと思っています。

戴庄村の他にも、現在の中国の農村にはたくさんの合作社があるのです。しかし、地域のあり方に貢献できている合作社は、残念ながらない。実は共産党も、行政村も合作社も自立していくことを望んでいます。本音で言えば、行政村というお荷物は抱え込みたくない、という思いが共産党にはあり、三農問題をどうすべきか、農民・農村を手放すこともできず模索している段階、というのが正直なところなのです。

模索段階だからこそ私も、合作社の自立や村民自治について提案しているのです。提案していますが、その二つの成長を実証しきれていない。その自立の証を示すのが戴庄村の取り組みの役割だと、私は思っています。

――そういう中で設立し、現実的な緊張感を持って、運営してきた経緯は理解できます。しかし実際に村で話を聞いても、合作社のあり方や村のビジョンに関する話は、村の幹部や農民から聞くことはできない。ということは、たしかに合作社は模索段階なのだが、その模索の積み上げが弱いのではないか。非常に困難なことであるとは思いますが、農民の組織として自立化させていく、何らかの方針が必要なのではないでしょうか――

日本と中国の農民を、同じレベルで論じることができるか、率直に言って疑問です。特に、協同の精神というものをどれだけ中国の農民が持っているのか。日本の場合、農地改革が始まったのは協同組合法が成立した1947年で、自作農育成と協同の組織づくりはセットで進められてきています。

ところが中国では、革命後すぐ農地は解放されたものの、合作社や人民公社などの共同生産に移管。この人民公社が解体されたのは1982年のことで、それから農家生産請負制に移ったのです。しかも中国では、日本の協同組合法にあたる農民専業合作社法が定められたのは2007年、農家生産請負制が導入されてから四半世紀も後のことなのです。この合作社法ができた2007年段階というのは、中国において農民層分解が終わった段階と言ってもいい。既に大きな農家と零細農家に分解し、一部の富裕農家と圧倒的多数の零細農家となっていた。そういう中では、たとえ村単位で作物別の合作社を作っても、中心的な富裕農家に、販売でも資材の購入でも手数料が入るしくみとなり、貧富の差はますます大きくなってしまったのが現実です。

では、たくさん存在する零細農家・貧困農家をどうするのか。言葉を換えれば〝地域をどうするか〟という大問題は、残されたままだったのです。そういう中で、2006年から10年間、戴庄村で社区型の三位一体の組織を作り運営してきたのです。そういう点で三位一体は、この段階においてひとまず成功を収めた、という認識を私は持っています。

――これまで伺っていて、趙先生が長期の展望を持ちながら、類まれなリーダーシップを発揮してきたことで、逆にその中で育った第1世代が、結局は〝儲かること〟に意識が収斂されてしまうのではいけないと思います。もう一度、趙先生が考えたこと、改革開放の後、地域が作られていかないことを問題視し、そのためには成功者を作ることではないのだと考え戴庄村で取り組んできたこと、つまり戴庄村の15年ではなく、趙さんの30年、40年に及ぶ農村活動の意識を継承できる人たちを、育ててほしいと思います――

また今年、新たな事業が始まりました。それは江蘇省農業委員会（農業部）と江蘇省財政部門が連携し、省内13の直轄市にそれぞれ二つの行政村レベルで、戴庄村をモデルとした社区型合作社を作ることが決まりました。その政策の核心は、組織の人材確保におかれ、党支部書記、村民委員会主任、合作社組合長を兼任させるというものです。このモデル事業で全ての合作社がうまくいくかどうかは分かりません。しかしその中から、村人みんなが豊かに、農業で豊かにと考え、さまざまな取り組みに挑戦してくれる行政村が生まれてきてほしいと願っています。

ただし長期的に見れば、これも過渡的なものかもしれません。三位一体と言うよりは、それぞれが独立はするが、連携は持つという方向だろうと思います。また、行政村レベルで良いのか、あるいは戴庄村有機農業合作社としてとどまるのではなく、たとえば天王鎮連合社という方向もあるかもしれません。そこはまだ見通せません。

食べものや農業、農村に対する市民の関心は、中国でも高まってきていることを実感しています。都市化が進み、マイカーを持つ人が増えている中で、たとえば昨年、句容市にある南京農業大学の菊の選抜圃場（およそ100ムー程の面積）で菊祭りを開催したら、ひと月半の間に60数万の人が来たという。また、天王鎮の桜まつりでも昨年は60万人、今年は100万人の来場者があったのです。そういう潜在的な需要は根強くあるのだな、と思っています。こんな風に農村に都市民・消費者が来てくれれば、農産物を買ってもらえるし交流もできる。農家の圃場や玄関先まで来て、農家を見て、農家が作っているものを評価してくれるようになると思います。

戴庄村では、1年を通して来てもらえる環境づくりや、作物・野菜なども作っていくことが必要だと考えています。そのために現在、遊歩道や貯水池の周辺に花畑を配置したり、農村レストランや自前の茶畑と製茶工場などの計画を詰めているところです。課題は農産物加工。戴庄村にも漬物などの伝統的な加工品があるにはあるのですが、もっと消費者を惹き付ける加工の取り組みが必要です。戴庄村の農産物の半分くらいは、このような直売で販売し、残りを多様な販路で売っていくことができるのではないかと思っています。

「農家の技術」と「協同のしくみ」の日中交流　その足取り
――「あとがき」にかえて

農文協編集部

農文協が本書を出版する背景には、この間、農文協が日本の農家や農協のリーダーと一緒になって進めてきた日中交流の取り組みがある。その中心におかれたのは、日本の農家・農村が築いてきた「農家の技術」と「協同のしくみ」をめぐる現場レベルの交流であった。この間の交流の足取りを振り返り、「あとがき」としたい。

1　「農家の技術」への熱い着目

■『現代農業』との出会い

農文協が趙亜夫さんと出会い交流を始めたのは２００３年12月、そして翌年4月には鎮江市関係者との交流が始まった。ただし、ここには前史がある。趙さんはそれ以前から農文協が発行する雑誌『現代農業』を読んでいて、これを通じて、日本の農業や農業技術、とりわけ「農家の技術」に対する強い関心と信頼を育んでいた。これがその後の互いの関係をより深いものにしたことは確かである。

前掲「インタビュー」でも語っているが、趙亜夫さんが『現代農業』を知ったのは、直接出会う20年以上も前の、1982年の訪日研修の時。研修先の安城市の農家・近藤牧雄さんの書棚で『現代農業』と出会い、読み始めたのが始まりである。この時、故・橋川潮氏の稲の疎植栽培の連載記事をはじめ、稲作、野菜、果樹、畜産それぞれで、日本の農家が多彩に実践する栽培・飼養技術に触れ、これこそ江蘇省・鎮江市の農家に最も役立つ技術の宝庫であることを直感したという。そこで、独学で日本語を勉強し、話もでき、読めるようにもなる。『現代農業』を読み、記事で紹介されている人を訪ねて、交流するためであったという。

帰国後は、近藤さんの善意で『現代農業』の寄贈を受け、趙さんが勤務する鎮江農業科学研究所(以下、鎮江農科所)に『現代農業』を読む仲間を広げるとともに、農文協書籍を集めた図書室も作り、日本の農家技術を学びながら、試験し農家に普及していたのである。

こうした日本の農家技術への着目は、鎮江農科所と連携して農業振興に取り組んでいた鎮江市科学技術局(日本の自治体の産業振興部に相当)にも広がり、農業担当の趙振祥さんや沈暁昆さん、日本への留学経験を持つ王志強さんらが、『現代農業』をはじめとする農業書を読み始め、アイガモ農法や土着菌養豚などの自然循環的な日本の農家技術に注目し、鎮江市の農業振興の重点事業として積極的に導入するまでになっていたのである。

■多肥多農薬が進む中で

趙亜夫さんが『現代農業』を読み始めた1980年代以降、誌上に収録・連載され注目を集めた記事は、次のようなものである。

稲作（疎植、米ヌカ除草、アイガモ水稲同時作、プール育苗、緑肥利用など）
野菜作（木酢、土着菌利用の発酵活用、土着天敵、根回り堆肥など）
果樹作（低樹高栽培、早期成園化、草生栽培など）
土壌管理（堆肥マルチ・有機物マルチ、ボカシ肥、畜産堆肥の重要性など）
畜産（乳牛二本立て給与法、自然卵養鶏、放牧養豚、土着菌養豚など）

どれも、日本の農家が工夫し、その工夫に学んだ農家がさらに工夫を重ねて形作ってきた「農家の技術」で、農文協では総じて「小力技術《しょうりょく》」（「省力」ではない）と呼んでいたものである。

『現代農業』誌上で「小力」の言葉を初めて使ったのは、群馬県のキュウリ農家・松本勝一さん。キュウリの生産日本一の群馬県板倉町（当時）で、キュウリのプロを自認していた松本さんは、若い頃はがむしゃらに肥料をやり多収を追求していたのだが、ご自身が病気をして以来、がらりと栽培の仕方を変えた。それは、土やキュウリが持つ力、潜在力を発揮させ、作業もラクになる方法である。たとえば、キュウリの株間は1mの超疎植とし、ツルが自由に伸びる「伸び伸び仕立て」にした。一方、畑の畝も定植のたびに作り直すのをやめて不耕起にし、春夏連続栽培とする。肥料は、表層に発酵鶏糞を混ぜただけだ。以来、日当たりが良くなったキュウリは元気に育ち、微生物が土を上から耕すせいか、かえって収量も品質も上がったという。松本さん曰く、「これぞ『省力』じゃなくて『小力』栽培」（1994年11月号）。

小力技術とは、農家の高齢化や女性が主力になるなどの人間の側の変化に合わせ、地域にある自然力（微生物や未利用資源など）や、作物、家畜の本来の能力を発揮させることで、農家にとっては〝小さな作業量〟でありながら、収量、品質、食味、安全性などにおいて大きな成果を得る栽培・飼育技術を総称したものである。それは、肥料・農薬などの資材を多投し、生育を人為的にコントロールして多収を競う〝近代化〟農業を経験し、その無理や弊害をも感じてきた日本のベテラン農家が切り拓いた「農家の技術」である。

多肥多農薬が進む中国の農業に心を痛めていた趙亜夫さんは、『現代農業』誌を通じて、こうした日本の農家技術の意味を理解し、ここには、鎮江の農家にも役立ち、村が元気になるヒントが満ちていると確信する。有機の村・戴庄村の実践には、小力技術の数々が多彩に導入・実践され、ある意味〝『現代農業』の村〟と言える様相を呈するまでになっていたのである。

この間、日本の農家や研究者、技術者による鎮江市・戴庄村訪問、訪日視察団の受け入れによる視察・技術交流など、相互に交流する機会を年数回継続し、今日に至っている。

茨城県・松沼憲治さん（左から３人目）に土着菌ボカシづくりを習う訪日視察団

2　農協、集落営農という「協同のしくみ」への強い関心

農協の協同の形と心を学ぶ

このような相互交流の中で、農家技術の交流とともにもう一つの課題としていたのが、地域における協同あるいは共同の形、つまり小農＝家族経営を支える協同というものを、中国でどのように実現できるかであった。それは、稲作をはじめ鎮江・戴庄村農業の状況・構造が大きく様変わりする中で、地域農業の展望をどのように切り拓くか、との問題意識があった。趙亜夫さんはその思いを、次のように語ったことがある。

「今日に至った農業の現状、水稲生産の現状について言えば、農村の高齢者・女性が農作業の主力となり、田植え機・コンバインの急速な普及、生産資材の高騰、人件費の上昇、収益低下、密植の進行・農薬と化学肥料の多用、環境問題、食品安全問題、合作社（協同組合）・家族農場による適正規模経営の提唱等々、様々な問題と動きが現れているが、これはまさしくかつて一九七〇年代と一九八〇年代の間に日本が歩んできた道、及びその時ぶつかった課題ではないかと考えた。」（2014年6月14日、『機械植え水稲疎植栽培新技術』翻訳出版記念会での報告より・句容市）

日本において、この課題を組織的に受け止めてきたのは地域の農協である。趙亜夫さんは、日本の農業協同組合の仕組みと機能を学ぶこと、あるいは、その土台となる農家の自主的組織としての集落

営農の実際を視察することを望み、農文協はその橋渡し役となってきた。

農協については、ＪＡ富里（千葉県）、ＪＡ甘楽富岡（群馬県）、ＪＡ上伊那（長野県）、ＪＡあいち中央（愛知県）、ＪＡフルーツ山梨（山梨県）など多くのＪＡに全面的なご協力をいただきながら、地域特性を反映させた個性ある協同の形について、交流を深めた。

ＪＡ富里では、農家の生産を自主的かつ組織的に行なう品目別生産部会の役割と運営、中国では最も困難とされる農機の共同利用に関して、〝壊さない〟〝整備する〟ルールと運用の仕方などきわめて実践的な視察。ＪＡ上伊那では、行政との連携のもと、米を基盤に花、キノコ、果物、野菜の生産振興に取り組む営農センター機能。米の一元集荷多元販売方式、農地を地域で共有して守る集落営農への支援策などを学んだ。

ＪＡ甘楽富岡では、少量多品目の総合産地づくりのプロセスや、生産者をアマチュア、セミプロ、プロ、スーパープロへとステップアップさせるトレーニング方式。あるいは資材の予約購買・共同一括自取り方式によるコストカットのしくみなどである。朝７時に始まるＪＡ甘楽富岡のインショップ向け出荷風景は圧巻だ。担当するＪＡ職員は１人ながら、高齢者・女性を中心にした多数の出荷組合員が、自分たちが決めた出荷規格や配置ルールに従い、迅速かつ整然と出荷していく……農家・農村のバイタリティと組織性というものを端的に実感できた視察であった。

■地域を守る集落営農への着目

農家の自主的組織としての集落営農の視察は、滋賀県の酒人《さこうど》ふぁ〜むやサンファーム法養寺、さらには長野県の㈱田切農産などを訪れた。本書の執筆者である楠本雅弘氏により『現代農業』で紹介され、趙亜夫さん自身も注目していた集落営農組織である。

水田が広がる滋賀県の酒人ふぁ〜むでは、集落全員参加型の営農組織として、オペレーターを確保しつつも老人・婦人層も多様に生産に関わる方式を追求している。一方、サンファーム法養寺では5人のオペレーターに作業を集約し、生産性を高めながら集落の田んぼの維持に貢献している。同じ水田兼業地帯でありながら、集落の状況・構成の違いで運営が異なるなど、機械化段階での水田農業を守る手法を学んだ。

長野県の㈱田切農産（飯島町）は、地区レベルで農地と農業、集落機能を守る上で、新鮮な示唆を与えてくれた。地区営農組合の2階部分にあたる㈱田切農産は、全戸が株主となる全戸参加型で、農地の管理、作業、農産物の栽培から販売までを担う農業法人である。中山間の土地条件のもと、農業従事者の高齢化や果樹・園芸農家の減少、農産物の収益性が減少する中で、水稲、大豆、そば、白ネギ、トウガラシ、その他野菜に加え、作業受託など、地域の農地を守るために多彩な仕事づくりを進め、個人経営の弱点を共同の力で補っている。

特に、農機の共同所有や生産者の自主性・主体性を育む運営方法に注目。たとえば、ネギの委託栽培のように、共同化しながらも管理者責任を明確にし、農家個々の努力、成果に応じて所得も増える再委託の方法の巧みさなどに刺激を受け、「まるで、戴庄村実践の次の展開のモデルに出会った思い」だったと、趙亜夫さんは述べている。

こうして、JAや集落営農による「協同・共同」を幾度かの視察で学び、理解した趙亜夫さんだが、直ちに鎮江・戴庄村に移植・実現できると考えたわけではない。鎮江市や戴庄村の人々と、日本の中でも最も先進的で原則的な経験・実践を共有することで、自分たちの課題を見つめ、進むべき方向性と将来を見出したい、との強い想いだったように思う。

■協同をめぐる日中それぞれの課題

日本と中国（少なくとも稲作をベースにしたモンスーンエリア）の農業・農村は、歴史的経緯や政治体制、農業農村政策の違いを超えて、農家として耕し村を作るその土台において共通性を持っている。どちらにも家族農業があり村がある。しかし、隣人、中国の農業・農村の実際について知る機会は少ない。

中国では、家族農業を支えるための社会システムが、欠落あるいは機能していない。たとえば、日本のような農協がなく、米麦以外の技術を指導できる農業改良普及センターもなく、農産物の広域流通に欠かせない公設卸売市場のネットワークも機能していない。しかも、国や省の農業振興政策の基本は、龍頭企業と呼ばれる農外資本の参入による大規模経営への誘導と、7000万ともいわれる貧困層対策の2本柱におかれている。つまり、普通の農家・農村が依拠でき、自主的・自立的に経営確立や農業振興に取り組むための基本的なインフラが歴史的に未確立のまま、家族農業が放置されている、と言えよう。趙亜夫さんが40年もの間、一貫して日本に学び、日本から吸収しながら農村建設に挑戦しているのも、このような構造的な問題が背景にある。

交流の中で、このような中国農業の現状を聞いた日本の農協関係者や農家の方々は、いずれも「初めて中国農業の構造・状況について知った」との感想を述べ、視察の受け入れや継続した交流について、前向きに取り組むことを約束していただけたことは、感謝に堪えないことであった。

今日、日本では「規制改革」の名のもと、農協、公設市場、農業改良普及センターなど、家族農業を支える地域インフラの弱体化や廃止に向けた動きが強まっている。改めて、農業・農村振興の要とは何かを見つめ直す上でも、中国の農村を見て、中国の農業を知ることは、わが身を知る上でも大切なことのように思える。まさに、わが身を照らす鏡として、日本と中国、あるいは東アジアの視点で、農業、農村のありようを見つめ直す時代が来ているように思うのだ。

第4章のサブタイトルにあるように、「中国では新たに創り、日本では再構築すべき協同（共益）活動」が求められている。

3 「ブックロード」という日中文化交流の伝統

中国ではいま、「一帯一路」構想のもとに、かつての陸と海のシルクロードに沿うような形で、経済連携、国際的産業発展の構想を打ち出している。このシルクロードをめぐり、王勇氏（浙江工商大学東亜研究院院長―2015年国際交流基金賞受賞）はたいへん興味深い考察をしている。王勇氏の研究によれば、中国と欧州諸国との「シルクロード」は「絹の製品」を中国から運んでいたのに対し、中国と日本を結ぶ通路では「絹の製品」より「養蚕術」を運んでおり、そこには交易以上の深い意味合いを内包していたとする。すなわち、この日中間の交流の特徴は、シルクに代表される「物質文明」ではなく、書籍に象徴される「精神文明」による文化的、知的交流にあったとして、これを王勇氏は「ブックロード」と呼び、ユニークな概念を提唱している。（注1）「一冊のすぐれた書籍はあたかも文明の種子のごとく、一人の入唐僧あるいは一人の渡来人よりも、持続的かつ広範に多くの人々に文明を伝え、それを開花させる」（注2）。

紀元前から始まったこの文化交流は、江戸期や明治期まで続くも、その後の不幸な関係により、途絶えているかに見える。未来に向け、日本と中国、少なくとも農家、農村、農業のレベルで、「ブックロード」の伝統を創造的に継承することが大切だと改めて思う。

（注1）王勇・久保木秀夫編『奈良・平安期の日中文化交流～ブックロードの視点から』農文協、2001年

（注2）王勇「シルクロードとブックロード」『中国に伝存の日本関係典籍と文化財』国際日本文化研究センター、2002年

著者紹介

楠本雅弘（くすもと まさひろ）

1941年、愛媛県生まれ。一橋大学経済学部卒。22年間、農林漁業金融公庫に勤務。1987年に山形大学に移り教養部・農学部の教授。現在、農山村地域経済研究所を主宰。全国の集落を歴訪し、「2階建て方式の集落営農」によって地域を再生する実践活動に従事している。
〈おもな著作〉『農山漁村経済更生運動と小平権一』（不二出版）、『複式簿記を使いこなす』（農文協）、『地域の多様な条件を生かす集落営農』（農文協）、『進化する集落営農―新しい「社会的協同経営体」と農協の役割』（農文協）など。

中島紀一（なかじま きいち）

1947年、埼玉県生まれ。東京教育大学農学部卒。鯉渕学園教授を経て、2001年より茨城大学教授、附属農場長、農学部長などを務める。日本有機農業学会の設立に参画し、2004年から2009年まで会長を務めた。現在は、NPO法人有機農業技術会議理事長。
〈おもな著作〉『有機農業の技術とは何か―土に学び、実践者とともに』（農文協）、『有機農業政策と農の再生―新たな農本の地平へ』（コモンズ）、『有機農業がひらく可能性』（共著・ミネルヴァ書房）、『野の道の農学論』（筑波書房）など。

ともに豊かになる有機農業の村——中国江南・戴庄村《たいしょうそん》の実践

2018年11月25日　第1刷発行

編　者　一般社団法人　農山漁村文化協会
著　者　楠本雅弘・中島紀一

発行所　一般社団法人　農山漁村文化協会
〒107-8668　東京都港区赤坂7－6－1
電話　03(3585)1142(営業)　03(3585)5211(編集)
FAX　03(3585)3668　振替　00120-3-144478
URL　http://www.ruralnet.or.jp/

ISBN978-4-540-15107-1
〈検印廃止〉

DTP制作／(株)農文協プロダクション
印刷／(株)新協
製本／根本製本(株)

定価はカバーに表示
乱丁・落丁本はお取り替えいたします。